品成

阅读经典 品味成长

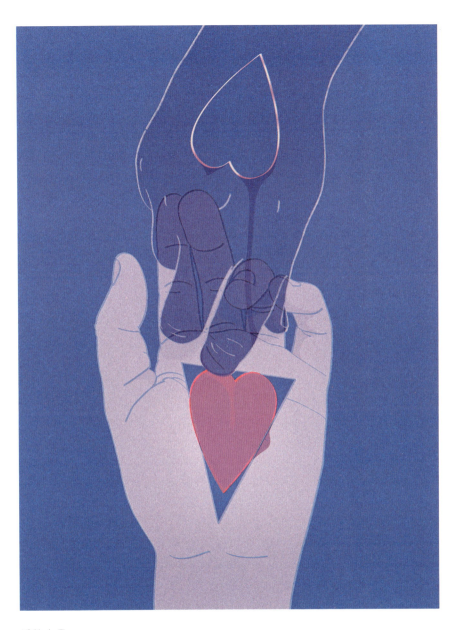

爱的力量，

把隔离人与他人的墙壁拆毁，让人与他人融合。

爱使人克服孤立感、隔绝感，同时又允许他保持自我和完整人格。

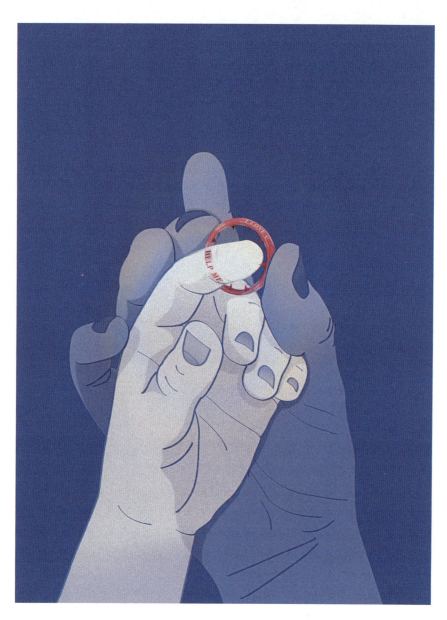

先有自我，才无枷锁。

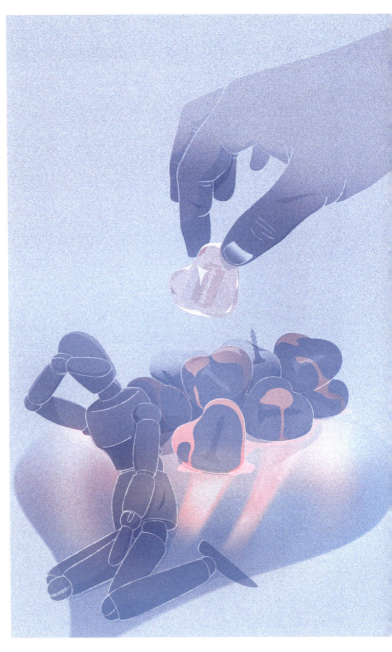

即使没有人对你好，你也要对自己好。一次又一次，天论发生什么，到头来，拯救你的还得是你自己。你的故事和你都是被期待的，你是值得的，你是坚强的，你是不同凡响的。

人一生唯一的使命是走向自我，

每个生命奋争着，试图从深渊奔向自由。

不被支配

Becoming
the Narcissist's
Nightmare

自恋人格的
识别与反制

How to Devalue and Discard
the Narcissist While Supplying Yourself

〔美〕沙希达·阿拉比（Shahida Arabi）◎著

王瑾雅◎译

人 民 邮 电 出 版 社

北 京

图书在版编目（CIP）数据

不被支配：自恋人格的识别与反制 /（美）沙希达·阿拉比著；王瑾雅译. -- 北京：人民邮电出版社，2024.6
　　ISBN 978-7-115-64566-1

　　Ⅰ. ①不… Ⅱ. ①沙… ②王… Ⅲ. ①人格心理学—通俗读物 Ⅳ. ①B848-49

　　中国国家版本馆CIP数据核字（2024）第110828号

版 权 声 明

◆ 著　　　　[美]沙希达·阿拉比
　 译　　　　王瑾雅
　 责任编辑　马晓娜
　 责任印制　陈　犇
◆ 人民邮电出版社出版发行　　北京市丰台区成寿寺路 11 号
　 邮编 100164　　电子邮件 315@ptpress.com.cn
　 网址 https://www.ptpress.com.cn
　 文畅阁印刷有限公司印刷
◆ 开本 880×1230　1/32　　　　　　彩插：2
　 印张：8.5　　　　　　　　　　　2024 年 6 月第 1 版
　 字数：156 千字　　　　　　　　 2025 年 10 月河北第 11 次印刷
　 著作权合同登记号　图字：01-2023-0436 号

　　　　　　　　定　价：49.80 元
读者服务热线：（010）81055671　印装质量热线：（010）81055316
　　　　　　反盗版热线：（010）81055315

序言

　　我父亲是一个自恋型施虐者，因此我从小就饱受他的摧残，而成年后我的丈夫同样是一个自恋型施虐者——我一直都在重复着这种不良模式。在这段长达 12 年的亲密关系中，我从来没有体会过安全感，无论是情感上、身体上、经济上，还是心理上。我总是无法满足他的要求，即使我已经把最好的岁月和毕生积蓄都奉献给了他的"梦想"，我甚至不敢和他生孩子……我终于离开了他，但两年后，我们的离婚程序还是没有进展。我现在不与他一起生活，但我们仍然有夫妻关系，他毁掉了我们共同创办的企业，让我陷入了财务和信用危机。我仍然在努力找寻勇气和力量来摆脱这场噩梦。两年来，我一直被抑郁和黑暗包围着，活在对他的恐惧中，甚至还在努力为他的"梦想"买单，尽管他从来没有爱过我或给过我任何回报。

　　　　　　　　　　　　　　——哈莉（Hallie），肯塔基州幸存者 [①]

① 本书中的"幸存者"均指受到自恋型虐待、承受痛苦和创伤并继续生活下去的人。

2016 年我写完本书的第一版时，亲密关系中的"自恋者"（narcissist）和"心理变态者"（psychopath）等术语在文献中还没有得到很充分的探讨。那之后，越来越多的实证研究证实了本书早期版本中的很多观点。2022 年 9 月，我对本书进行了更新，整合并加入了其首次出版后新出现的一些新鲜有趣的研究发现。

2016 年，作为一个学者和作者，我赋予自己的使命是提高人们对自恋型虐待（narcissistic abuse）的认识——那时候这个话题还远没有像现在这样流行。此后，我很幸运，有两篇关于这个话题的文章在网上火了起来，吸引了全球超过 2500 万人阅读；而且在所有主流书店的排名中，这本书成了畅销书，为这个话题贡献了一些关注度。我无比感激所有为这项工作做出贡献的幸存者，他们多年来一直在帮助其他幸存者、研究者和同盟者更好地理解与具有这些特质的人交往会如何影响我们的生活。他们就是我做这项工作的动力。

对于童年经历过自恋型虐待的人来说，大部分都熟知什么是创伤性联结（trauma bonds）：它会让我们陷入与自恋者交往的恶性循环。在一个自恋的家庭成员身边长大，遭受自恋型虐待，是我后来与自恋者建立破坏性、"有毒"关系的前奏——无论是朋友间的、恋人间的、熟人间的，还是同事间的关系都逃不过这个模式。然而这么多年过去了，自恋型虐待的经历对现在的我来说更像是一个礼物而非诅咒，因为我已懂得将其化作有生以来最为有益的成就。

值得注意的是，单凭知识本身——虽然也有强效，但还不足以治愈自恋型虐待带来的创伤。为了能从自恋型虐待中复原，我必须采用不同的治疗方式来治疗心灵和身体。自我探索和自我完善对我而言不算陌生，但若没有遭遇自恋型虐待，我不会走上这条从释放到治愈之路。我花了多年的时间尝试了各种形式的疗愈和自我关照方法。这帮助我重新找回了因为创伤而失去的完整感。

遭遇自恋者的经历，被我转接到了有益的释放渠道中，从而彻底革新了我对什么是恰当的边界感的认知，也让我重拾了自己内心真实的价值观，并得以从自恋型虐待中复原。我的旅程并非一帆风顺，其中不乏逆境，更充满各种直面并清理未愈合的创伤的挑战。

不过，我也追随了自己的激情进行写作，带头研究这个话题，斩断了生活中"有毒"的人际关系。我从顶尖的大学毕业，接触到更多的幸存者，并帮助他们走上治愈之路。我的亲身体验是，未来可期，无论何时你都可以用自己的所学所得来为自己的成功添砖加瓦，并造福社会。

我很感激能有机会治愈自己并帮助他人获得治愈。我感恩所有的奇遇，它们让我能够触及众多的幸存者。我们都有对美好生活的向往，而这向往可以化为现实，只要我们开始学会将痛苦化作动力，将危机化作转机，将苦难化作重生。

我在这本书中分享了我的故事和其他幸存者的故事，因为我想让所有经历过虐待和创伤的幸存者知道，无论他们与自恋者有着怎样的过往，都不应轻言放弃。

关于本书

在第一章中，你将了解到关于自恋型人格障碍、自恋特质，以及心理变态的一切必备知识；将学习到关于这些特质和与之相关的操纵手段的最新研究；你还将更多地了解虐待循环（abuse cycle），自恋型虐待和被自私的混球亏待之间的区别，自恋的起源，自恋者的语言背后的含义，以及自恋型虐待领域的常用术语；最后，你还会了解到关于受害者有罪论（victim-blaming）的迷思和刻板印象，而这些通常会阻碍受害者确认并消化自己的遭遇。

第二章探讨了生物化学作用、心理和创伤性联结是如何让受害者在发现真相后仍然与施虐者纠缠在一起的，以及创伤对大脑的影响。了解这一点非常重要，因为许多受害者会因为在这一段关系中停留太久而责怪自己，而不理解创伤的影响是如何让我们与"有毒"的伴侣绑定在一起的。

第三章和第四章可以说是这本书中最重要的两章，我在这两章中深入探讨了如何把"有毒"关系的锁链——斩断，以及你可以使用哪些治疗方案和疗愈模式从自恋型虐待中复原。此外，这两章还探讨了如何通过接入你的战士"超能力"和勇猛气魄来摆脱自恋者，并在遭受自恋型虐待后获得重生，过上比之从前更为精彩的生活。

第五章对那些在断联的过程中纠结痛苦的人尤其有用，因为它包含了如何展开断联并坚持到底的技巧、方法和资源。在此基础上，这一章还提供了109种可选的方法，以防止复合而重蹈覆辙。

第六章探讨了我们的社会和文化中的病态自恋，给出了更多关于怎样应对自恋者的见解，如怎样应对自恋的朋友、家人、同事等。

第七章和第八章提供了一些总结性的见解：关于作为一个受害者意味着什么，如何拿回本属于我们的力量和主动权以走出情感虐待的创伤，以及如何通过重写我们的人生脚本和创造新的叙事来反败为胜。

我希望你在读这本书的过程中，不仅能感到被肯定并开始疗愈之旅，而且也能通过你所获得的知识来帮助那些正在类似困境中挣扎的人。虽然一开始你会感到孤立无援，但是这种经历可以给你带来一个更宏大的目标，并且也许能够让你以一种意想不到的方式进入更广阔的天地。我知道有些时候情况糟糕得好像已经山穷水尽，痛苦亦难以忍受，尤其是当你陷入习惯性的依恋自恋者的情感模式时。不过，在康复和疗愈的过程中，会有一个全然不同的新世界向你敞开大门。

即使没有人对你好，你也要对自己好。一次又一次，无论发生什么，到头来，拯救你的还得是你自己。你的故事和你都是被期待的，你是值得的，你是坚强的，你是不同凡响的。你是一个斗士！你是一位战士！

我鼓励所有从自恋型虐待中幸存下来的人开启他们的自我关照之旅；通过吸纳过往经历的所有经验和教训，你可以更加完满地给自己赋能。此次经历可以说是治愈的入口，也可以说是你自灰烬中崛起、重生为最好的自己的挑战。

不管我们学到的和改善的有多少，我们总是能够在这个过程中习得一些新的东西。疗愈之旅永远不会真正"完结"——它才刚刚开始，而且我还想和你分享一些曾助力我向目的地迈进的高能法宝。

你会发现当你看出黑暗之中的恩典时，许多其他的恩典也会显化出来——新的支持、有望实现的新梦想、连接内在心灵和天赋价值的新方式。你身上有着超越一切境遇的无穷潜能。这道光会永远与你同在，哪怕是在你人生最伤痛的经历之中以及之后的时刻，也不例外。

自恋者自以为能够击垮我们，毁掉我们，但真相是他们永远也无法摧毁我们。即使他们对我们造成了伤害，我们的内心、精神和灵魂仍然比他们强大得多。无论此刻你感觉多么支离破碎，请坚信你有着一种更为强大的力量，能够超越他们的暴虐。那便是指导你渴望挺过来、好起来的力量；那便是你在对未来绝望之前必须与之连通的力量；那便是能让你超然于他们的迫害并重塑自己、更胜从前的力量。

请记住，当一个恶性自恋者企图羞辱你时，对方其实是在表达对你的认可，即使他本意并非如此。因为他们真正想说的是："你的存在是对我的威胁。你的光芒太耀眼了，所以我必须要把它遮住。你身边的支持者太多，所以我得试着让你被孤立和边缘化，这样你就会对我唯命是从。你的才华和优势太突出了，我嫉妒你的成功和潜力，所以我要羞辱你，好让你感到无地自容，耻于展现自己。你的内在和外在都美得太过夺目，所以我要让你怀疑自己，这样你就不会发现你值得拥有更好的伴侣。你的智慧、直觉和洞察力是如此敏锐，所以我得用煤气灯操控你，让你怀疑自己，这样你就不会发现我是如何摆布你的。你的声音太过铿锵有力，所以我必须要扼制它。"

你对知识和治愈的渴望只是个开端，是对某种更加可期的未来的感召。被迫藏身于阴影之中从来不是你的最终归属，你应当在阳光中尽情绽放。你应该认识到自身的价值和你对这个世界而言有多么珍贵，这与你的命运是息息相关的。你拥有这么多东西，大可不必再为了另一个人的需要而牺牲自己。你值得被看见和听见。无论你是谁，此时此刻位于人生中的哪个阶段，你都可以把生命中最糟糕的经历作为钥匙来开启你的最强逆袭之路。从自恋型虐待中幸存下来之后，生活处处充满了奇迹——你只需要做好准备，张开双臂，迎接它们的来访。

CONTENTS

目录

第一章

识破自恋者

我们之所以会被自恋者盯上，是因为我们身上有他们垂涎的美好而富有人性的一切。我们能真正感受到实实在在的喜悦和悲伤，他们企图从我们这儿吸取生命的能量，最后榨干我们的生命力。但我们将置之死地而后生，并变得更加强大和睿智。我们不是受害者，我们是幸存者！学会爱自己，这是我们一生的功课。

——扎娜（Dzana），斯德哥尔摩综合征幸存者

在流行文化中，"自恋"这个词随处可见，常常被用来形容虚荣自大、眼里只有自己的人。这就把自恋简化成了一种常见特质，而弱化了自恋者真实的杀伤力。虽然"自恋"这种现象在较大范围内存在，但它和我们所说的自恋型人格障碍完全是两回事，后者有着一整套严格的诊断标准。

自恋型人格障碍（Narcissistic Personality Disorder，NPD）患者或那些有着反社会人格障碍（Antisocial Personality

Disorder，ASPD）特质的人，在亲密关系中可能会出现极端的操纵行为，因为他们撒谎成性、缺乏同理心，并且有人际剥削的倾向。尽管本书中我将重点着眼于自恋型施虐者（Narcissistic Abuser），但由于 ASPD 和 NPD 的症状有重叠之处，因此大家在与那些有 ASPD 及心理变态特质的人打交道时，也可以参考本书内容。

在任何一类关系中，学会辨识危险信号都是非常重要的，这样一来，当我们与那些有恶性自恋的表现或反社会特质的人来往时，才能更好地保护自己免受虐待和伤害，并设定适当的边界，在人际关系中做出明智的决定。了解这些恶性互动的本质，以及它们是怎样影响我们的，会极大地改善我们关照自我的能力。

自恋和心理变态

《精神疾病诊断与统计手册（第 5 版）》（DSM-5）对自恋者的定义是：从成年早期开始，在各种各样的情境中都有自大（幻想或行为）、过分渴求他人钦慕和缺乏同理心的表现的人。在以下评判标准中，符合 5 项及其以上的人，可视为自恋者。

- 有一种自我重要性的夸大感（例如，夸大成就和才能，期盼被认为是优越的，却不具备与之相称的成就）。

- 沉溺于对无尽的成功、权力、才华、美貌或理想爱情的幻想。

- 相信自己是特殊的和独特的，只有其他特殊的或地位高的人（或机构）才能理解自己，自己应该只与其往来。

- 过于追求他人的赞美。

- 有一种过剩的特权感（对特殊优待有不合理的期待，以及期望他人自动满足自己的需求）。

- 在人际关系上具有剥削性（利用他人以实现自己的目的）。

- 缺乏同理心，不愿承认或认同他人的感受和需求。

- 经常嫉妒别人或认为别人嫉妒自己。

- 展现出自大、傲慢的行为或态度。

尽管 NPD 被认为是一种经过充分考察的人格障碍，患者表现出长期的功能失调且具有破坏性的行为模式，但根据轻重程度的不同，自恋特质或亚临床的自恋人格普遍存在。有研究者发现了两种截然不同的自恋亚型：浮夸型自恋（grandiose narcissism）和脆弱型自恋（vulnerable narcissism）。部分研究人员推测，一个人可以同时具有这两种类型的特质。那些浮夸型自恋水平较高的人有一种自命不凡的膨胀感，较少出现心理困扰，有更高的自尊和自信，并且在社会交往中更加强势大胆。而那些具有脆弱型自恋特质的个体，往往高敏感且胆小，表现出更多的回避倾向。尽管如此，两种亚型都难以有和谐的人际关系，并可能在与人交往时出现攻击性。

在最近一个涉及 437 项研究的元分析中，研究者克雅维克（Kjærvik）和布什曼（Bushman）发现，自恋与攻击性和暴力都有关联性。无论是脆弱型自恋还是浮夸型自恋，还是病态和非病态的自恋，都是如此。这里的攻击有多种形式，包括间接攻击、直接攻击、替代性攻击、口头攻击、欺凌式攻击，以及反应性攻击和主动性攻击。虽然在受到刺激的条件下，这种关联性会更强——自恋者可能感受到了负面评价或批评的威胁，但多项研究表明，即使不去刺激自恋者，这种关联性仍然显著存在。这一点很重要，因为无缘无故的攻击对那些与有自恋、心理变态倾向的人有着亲密关系的个体来说，更具伤害性。戴（Day）及其同事的研究也显示，相比其他类型的精神障碍患者，病态自恋者的伴侣及其他家人呈现的压力水平更高，表现出了更多的抑郁、焦虑和适应不良的情况。另一项研究也证实，自恋型人格障碍比其他障碍更容易给他人带来痛苦和困扰。

不仅如此，神经科学研究表明，NPD 患者大脑中与情绪共情（emotional empathy）相关的区域在灰质体积上跟常人有所区别。但是，这并不代表自恋者无法控制自己的行为，因为其他研究表明，他们仍保有认知共情（cognitive empathy）的能力，即分辨别人当前可能有的感受及为什么会有这种感受的能力。然而，自恋者经常滥用这种能力，利用它来实现自己的个人目的，而不太在乎给他人带去的伤害。

跟自恋很像的是，心理变态也和亲密关系中的攻击性和缺乏同理心有关。你可能会发现自己的伴侣同时具有自恋和心理变态的特质。这类个体不仅自恋，而且还有反社会和心理变态的特征，即"恶性自恋"。这也正是为什么我们有必要把自恋和心理变态放在一起来谈。

虽然 DSM-5 没有单独列出心理变态的诊断标准，但在反社会人格障碍的诊断标准中提到它是一种在共情、良心、道德决策、冲动性等诸多方面存在缺陷的障碍。患有反社会人格障碍的个体普遍具有无视并践踏他人权利的行为模式，可能包括不遵守社会规范、欺诈成性、冲动、易怒、好斗，以及缺乏悔改能力等特征，而且相应行为的首次出现时间不晚于 15 岁。根据 DSM-5，这种模式也被称为"心理变态"或"社会病态"。

心理变态除了表现出违法和犯罪等行为外，还具有冷酷无情的特征。在黑尔（Hare）和诺伊曼（Neumann）提出的心理变态四因素模型中，心理变态被进一步细分为 4 个主要维度——人际（油嘴滑舌／肤浅的魅力、夸大的自我价值感、说谎成性）、情感（缺乏悔恨或内疚、情感浅薄、冷酷无情／缺乏同理心、不对自己的行为负责）、生活方式（寻求刺激／容易厌倦、冲动、没有责任感、滥交、寄生虫般地生活、缺乏现实目标），以及反社会行为（行为控制系统受损、早期行为问题、青少年犯罪、违反假释条件、多种形式的犯罪）。当涉及心理变态者在亲密关系中的人际剥削和攻击行为时，尤其需要考虑其中的人际和情感这两个因素，而且也正是这两个因素将心理变态与具有反社会人格障碍区分开来。

就像自恋包括浮夸型自恋和脆弱型自恋一样，心理变态也有两种亚型：原发型心理变态（primary psychopathy）和继发型心理变态（secondary psychopathy）。原发型心理变态者被认为是天生如此，而继发型心理变态者（一些研究者称之为"反社会人格障碍"）则是由环境造成的。研究表明，原发型心理变态者更有可能呈现出较高水平的冷酷无情和情感淡漠特质，而继发型心理变态者则更容易冲动和焦虑。比起继发型心理变态者，原发型心理变态者经历童年创伤、抑郁、心理困扰和创伤后应激障碍等问题的可能性更小。

心理变态者的大脑有别于常人，他们的杏仁核、前额内侧皮质、纹状体以及其他与情绪反应、施虐倾向、奖赏敏感性（reward sensitivity）、同理心、道德判断和决策相关的"道德神经网络"（moral neural network）区域都存在异常。通常来说，具有心理变态特质的个体往往无所畏惧、残酷成性，而且不知悔改。一些研究已经通过功能性核磁共振成像和脑部扫描等技术发现，具有显著心理变态特质的个体，其杏仁核区域的灰质体积较小，而且在进行情绪加工、厌恶刺激反应以及道德决策等相关任务时，该区域的活跃度也较低，这是存在功能性缺陷的表现。这些缺陷可能表现为个体在人际方面的冷酷绝情，并对伴侣造成身体和情感上的伤害。

然而，心理变态者大脑与常人的异常并不能作为他们推卸责任的理由。就像自恋者一样，心理变态者从智力上来说是能够分清是非的（这也是为什么他们一开始就会试图通过撒谎来掩盖自己的恶行）。他们只是单纯地缺乏足够的情感能力去在意对错，而且有些人甚至会因为造成了他人的痛苦而感受到施虐的快乐。心理变态者不仅会在人际关系中表现出剥削性，有时还会出现暴力行为，并且已有研究证实自恋和心理变态特质均能预测个体的施虐倾向。他们中的许多人不只涉及违法诈骗，在最亲密的私人感情中，他们也是坑蒙拐骗的惯犯，他们的常见表现包括工具性攻击（instrumental aggression，有预谋的、为实现目标而计划的攻击）、残忍谋杀、亲密伴侣暴力（intimate partner violence）、同时交往多名对象，以及毫无缘故、施虐般的暴力行为。

研究表明，在实施罪行时，心理变态罪犯比非心理变态罪犯经历更少的情绪激动，这表明他们在实施罪行时缺乏恐

惧和同理心，并且对于自己给受害者造成的伤害缺乏情感反
应。胆大包天的性情使他们肆无忌惮、不遗余力地实施凌虐
及工具性攻击。在感情方面，这可能会酿成心理变态学研究
者所说的"处处都是潜在伤害的危险关系"。

关于自恋和操纵手段的研究

所谓"操纵手段"（manipulation tactics）只是临床上的定
义，自恋者或心理变态者在实际的人际关系中的操作方式比
起在一系列诊断标准中能观察到的自恋迹象要更加隐蔽、复
杂。在研究中，自恋及（某种程度上的）心理变态特质体现
为关系中造成伤害的特定行为，包括但不限于以下行为。

煤气灯操控　煤气灯操控在里格斯（Riggs）和巴托洛梅
乌斯（Bartholomaeus）的定义中是一种个体通过欺骗别人，
使之对自己的想法、感知或信念产生自我怀疑的操控手法。
斯威特（Sweet）强调，煤气灯操控是一种有心理虐待性质的
阴谋，它试图营造出一种"不真实的人际环境"，让受害者在
这种环境中被安上"疯子"的名号或怀疑自己是不是要疯了。
在研究文献中，煤气灯操控与反社会特质有关。例如，利德
姆（Leedom）及其同事研究了 104 名与反社会和心理变态的
个体有过牵扯的亲密伴侣暴力受害者。这项研究显示，煤气

灯操控是他们的伴侣常用的手段之一。另一项对 250 名青年人进行的研究通过评估煤气灯操控的施害者和受害者的个性特征，也证实了反社会特质和煤气灯操控有关。许多心理咨询师同样注意到了在他们的临床案例中，伴侣中施害者的自恋特质和煤气灯操控之间存在关联。

恶意妒忌　具有自恋和心理变态特质和行为的个体更加有可能去破坏他们所妒忌之人的目标和计划，即使对方是自己的亲密爱侣。恶意妒忌与善意妒忌不同，因为前者包含出于妒忌而对某人进行妨碍和伤害的行为。

在研究中，恶意妒忌与自恋和心理变态特质有关。兰格（Lange）及其同事进行了 3 项共涉及 3123 名参与者的研究，证实了善意妒忌和恶意妒忌都与 3 种黑暗人格特质[①]有关。另一项由兰格及其同事进行的研究发现，恶意妒忌与脆弱型自恋和竞争型自恋有关，后者是一种具有敌对属性的自恋。

引发嫉妒（制造三角关系）　研究表明，无论是浮夸型还是脆弱型自恋者，又或是心理变态者，都会采用一种被称为"引发嫉妒"的操纵手段。浮夸型自恋者挑起他人的醋意以获得权力和进行控制，而脆弱型自恋者除了这两种目的还存有报复伴侣、试探伴侣关系，以及满足自尊的目的。在另一项

---

① 3 种黑暗人格特质即自恋、心理变态、马基雅维利主义，三者被合称为"黑暗三联征"。

研究中，244 名女性和 103 名男性参与者的心理变态测量结果表明，原发型心理变态者会通过引发嫉妒来获取控制权或报复伴侣；而继发型心理变态者则会通过引发嫉妒来试探彼此的关系，控制并打压伴侣，以及提高自尊。

甜蜜轰炸，以及随后突如其来的刻意贬低　甜蜜轰炸被研究者定义为在恋爱初期过度殷勤，以获取权力和对某人的控制感，本质上是"自恋性自我提升"的一种形式。不过，许多研究者、临床医生、心理咨询师和受害者都断言，甜蜜轰炸是自恋者和心理变态者经常使用的一种手段，尤其是在恋爱初期。甜蜜轰炸可能包括：不间断地联系、迎合奉承、假意承诺未来，以及刻意制造出"灵魂伴侣"的感觉。

虽然甜蜜轰炸在文献中还没有像前面提到的其他操纵手段那样得到深入探讨，但初步研究结果表明，它可能与自恋有关。一项针对 484 名 18 至 30 岁大学生的抽样调查的结果显示，甜蜜轰炸与自恋倾向呈正相关，与自尊水平呈负相关，并与恋爱中更多地使用社交媒体和文字消息有关。甜蜜轰炸及随后突如其来的刻意贬低，再加上间歇强化①，可能会催生出更强的创伤性联结——间歇性的虐待和安抚交替出现会导致受害者变本加厉地依恋施虐者。其实，在我自己 2021 年于哈佛大学对 1294 名参与者进行的研究发现，甜蜜轰炸、筑墙、

---

① 间歇强化：指在行为学习的过程中，只对某些特定行为进行奖励或惩罚。

引发嫉妒与自恋和心理病态特质之间的相关性是显著的。

筑墙 筑墙（stonewalling）是最具破坏性的沟通方式之一，它被研究证实与更多的婚内矛盾有关。在亲密关系中，筑墙这种沟通方式的特点是不愿参与任何有建设意义的对话，敷衍且拖延，拒不配合对方解决问题。霍兰（Horan）及其同事于 2015 年进行的一项研究发现，个体如果具有黑暗三联征人格特质，则更有可能采用蔑视、批评、"筑墙"和防御的沟通方式。以上四种沟通方式被研究者证实能够导致双方感情的破裂。筑墙还可能被施虐者用作要求 / 退避模式的一部分——当受害者试图解决感情中的问题，或就虐待关系与之当面对质时，只会吃尽对方的闭门羹。受害者的大脑可能会将这些退避行为当作亲密关系中的某种拒绝来处理，而这种拒绝能够激活与损失、渴求和情绪调节有关的大脑网络。

什么是自恋型虐待

自恋型伴侣长期对受害者进行操纵和贬低，受害者往往因此产生无价值感、焦虑，甚至自杀意念。自恋型虐待通常是一种不间断的操纵，并包含一个"理想化—贬低—抛弃"的虐待循环：自恋者对伴侣进行甜蜜轰炸，然后对其进行贬低，弃之不顾，直到下一个虐待循环再次开始。NPD 伴侣的虐待是自恋特质中最为极端的表现。这种类型的虐待造成的心理和情感创伤可能会伴随受害者终身。

事实上，根据心理创伤专家皮特·沃克（Pete Walker）的说法，长期的情感虐待容易引起创伤后应激障碍（Post-Traumatic Stress Disorder，PTSD）、复杂性创伤后应激障碍（Complex PTSD）。如果受害者小时候就经历过虐待，成年后又再次经历，就更是如此。而且在自恋型虐待中，施虐者对伴侣采取的虐待方式通常十分隐蔽而阴毒，因此受害者的境况格外危险。又由于自恋型虐待的阴险本质，施虐者往往能够将自己的残忍隐藏在他们为逃避指责所打造的完美假面背后。

还有很重要的一点是，请记住自恋者虽然不会像有暴力倾向的伴侣那样直接伤害伴侣的身体，但他们会在伴侣心里埋下将其引向自我毁灭的种子。他们会打着"帮助"的幌子对伴侣进行煤气灯操控，翻旧账并在伴侣的伤口上撒盐，无中生有地炮制怀疑和不安，让伴侣相信被这样对待是自己活该。他们还会歪曲自己施虐的事实，让伴侣看起来才是加害者。

你已经从研究中了解到了跟自恋和心理变态有关的行为模式。但它们在实际的亲密关系中又是怎样的呢？自恋型虐待中的有害行为包括但不限于以下各种。

- 对伴侣过分挑剔和控制，通过残忍的言语暴力暗中或公开地欺压对方，并用操纵手段孤立和贬损对方。自恋者和心理变态者还有一种典型行为是，为彰显自己的力量和假想中的优越感而刻意表现出对他人的蔑视。具体形式可能包括：谩骂，以玩笑为掩饰的严重侮辱，贬损，对受害者的外表、智力、职业、生活方式、技能、成就或其他亲密关系以外的人际支持网络表示轻蔑等。

- 在身体或性方面有施虐倾向。这可能包括用器物殴打受害者，直接出拳、扇巴掌、掐脖子或推搡受害者，不经受害者同意强行发生性行为，以及明知受害者对特定性爱方式感到心理不适，依然强迫对方接受。如果受害者不遵从自己的意愿，则可能威胁称要离开受害者，或以某种方式毁掉受害者的生活。

- 制造敌对或攻击性的情境——尤其多见的是自恋者和心理变态者对看似微不足道或无关紧要的小事大发脾气，用自恋狂式的暴怒将受害者推入痛苦情绪之中。自恋者和心理变态者会创造出一种环境，在这种环境中受害者往往有被困住、被控制，以及言行受限的感觉。

- 对受害者忽冷忽热，在爱意满满和残忍暴虐这两种面目之间快速地来回切换。这是一种包含理想化、贬低、抛弃3个阶段的虐待循环，它包括间歇强化，即在没有任何明显缘由的情况下冰冷无情地对待受害者,随后却又会恢复关爱和深情的行为。在这种循环作用下,双方每互动一次,受害者的期望值就降低一些,而且还会因此被植入一种"爱意味着变幻莫测、痛苦和不安"的信念。之后,自恋者和心理变态者会以一种羞辱性的、有损人格的方式抛弃受害者,而为了能成为这场分手的"赢家",自恋者和心理变态者通常还会增加一系列针对受害者的抹黑行动。

● 控制受害者生活的方方面面,以便将对方与家人和朋友隔离开来——包括破坏受害者的友情、家庭关系、重要的生活事件,或是对方的目标和理想等。

● 受害者对这种关系提出任何疑虑都会被施虐者用"筑墙"的方式堵得无话可说;在整个虐待循环中用冷暴力来让受害者屈服,并在受害者心中埋下不安的种子,使其长期缺乏安全感,导致其在关系中如履薄冰,只好加倍卖力地取悦作为施虐者的伴侣。

● 制造爱的三角关系,让受害者与包括施虐者前伴侣在内的其他恋爱对象展开竞争;在寻觅外遇对象和猎艳的过程中连哄带骗、说谎成性;将受害者的外貌、个性、成就和其他属性与其他人的进行比较,以便向其灌输一种一无是处的感觉。这种不忠并非源于对现有伴侣不满,而是为了获取自恋供给(narcissistic supply）。自恋供给的形式包括众多对象的关注，以及受害者被引发了嫉妒情绪之后的心理痛苦。

- 通过否认、淡化或合理化虐待行为，对伴侣进行煤气灯操控，使其相信虐待行为并不存在，包括利用车轱辘式的谈话、不可理喻的说法、指控和投射来转移任何跟问责有关的话题，以避免被要求为自己的所作所为担责。

- 用一次又一次的抹黑与诽谤来诋毁受害者，以便破坏被虐待的受害者所有的人际支持网络，包括将自己的虐待行为投射到受害者身上，令周围的人不会相信他们才是施虐的一方。

这就是自恋型虐待的样子——尽管这些操纵手段在大量 NPD 相关专著、成千上万受害者的自述，以及治疗过受害者的心理咨询师的转述中都曾被提及，但不幸的是，没有任何心理学课程或诊断手册对自恋型虐待的全貌进行完整讲解。

要了解你的伴侣是否真的是自恋者，最为关键的就是观察对方有没有这些恶性的行为，以及你因此受到的影响。任何人都可能成为自恋型虐待的受害者，无论其性别或背景如何。如果你的伴侣有过这些加害行为，那么至少他们在情感、言语和心理方面是具有施虐倾向的。恶性自恋者无疑是非常危险的，即使没有被确诊为患有 NPD，只要对方有前述的某些行为且拒不改正，受害者也应该意识到自己的伴侣于彼此的感情是"有毒"的。

是什么导致了自恋

自恋的原因是多方面的，但多项研究都指向父母的过高评价。

虽然自恋者的虚荣和自我陶醉的形象凭借广为流传的水仙少年纳西索斯的神话深入人心，但自恋作为一种人格障碍是如何产生的还缺乏更深入的探讨。不错，自恋主义的确正在美国文化中抬头，但作为一种人格障碍而言，它具体的表现是怎样的呢？

关于个体的自恋是如何形成的，有很多理论——从儿童时期的自恋创伤（narcissistic wound），到父母的"理想化-贬低"养育模式，甚至还有来自神经学的观点，主张自恋者与同理心相关的脑区存在结构异常。然而，关于NPD究竟是如何形成的，目前还没有明确的答案。

很长一段时间里，心理学家们都认为自恋者在童年时期可能遭受过一些创伤——就像克恩贝格（Kernberg）所指出的，他们因为家长批评式的养育方式而遭受了情感或身体上的忽视。这种发生在童年期被心理学家称为自恋创伤的严重创伤，可能导致了他们以一种极端的自我保护形式压抑自己身上可以与他人共情的部分。心理学家推测，可能是父母的忽视、虐待和否定导致他们产生了米伦（Millon）所说的补偿性自恋，即出于自我保护而创造出一个虚假自我，从而获得一种假想的优越感，以掩盖过低的自我价值感。

然而，实证研究表明，自恋的产生也可能源于父母对孩子的过高评价。这会让孩子永远长不大似的不顾自己的真实能力和客观依据，一味沉浸在假象中，以为自己完美至极。这种过度吹捧的养育模式，可能导致孩子的情绪发展停滞不前——换句话说，孩子被溺爱到一定程度，就会形成唯我独尊的特权感，并对他人的感受不屑一顾。

2015 年，一项针对 565 名儿童及其父母的纵向研究表明，父母的过度吹捧预示了孩子将来的自恋倾向，而缺乏父母的关怀则并没有表现出这一预测作用。用研究者的话来说就是："能预测自恋的是父母的过高评价，而非缺少家庭温暖。因此，儿童之所以会变得自恋，部分原因似乎是他们内化了他们在父母眼里的夸张形象（例如，'我就是比其他人高贵'和'这些特权都是我应得的'）。"鉴于当时的主流理论认为儿童时期的虐待必然会导致自恋，这项研究的结果可以说是与人们的预期背道而驰。

最近，另一项研究表明，父母的过高评价与自恋特质（如特权感）的发展之间存在着密切的联系。在这项 2020 年对 328 人进行的研究中，儿童时期被过高评价、过度保护的经历和父母宽松的教养方式均被发现与更高水平的病态自恋特质有关。值得注意的是，这项研究并未发现儿童期虐待对自恋特质的发展有任何直接影响。正如研究者所言，过度娇惯与浮夸型和脆弱型的自恋特质都有关联，还和不切实际的自我认知和特权感的发展有关。

在《破碎的镜子：儿童自恋型人格障碍的特征》（"The Cracked Mirror：Features of Narcissistic Personality Disorder in Children"）一文中，作者卡伦·巴登斯坦（Karen Bardenstein）博士指出，当谈及为何儿童会发展出这种障碍时，需要考虑到一些风险因素的作用。根据巴登斯坦的说法，有自恋风险的孩子通常是：父母是自恋者的孩子；被养父母溺爱的养子，或者与养父母的亲生孩子之间存在竞争关系的养子；成功人士的孩子，尤其是能力不及父母的孩子；被溺爱的富裕家庭的孩子，以及父母离异的孩子，特别是经历了抚养权争夺战被当成"战利品"的孩子。

作为一名曾经的家庭教师，我也确实见过富裕家庭中，由于父母的无底线纵容，放任孩子的不端行径、允许孩子肆意践踏他人的底线，从而导致孩子萌发出了自恋的倾向。那些给孩子灌输特权意识的父母，其自身对待他人的态度就是冷漠自私的，甚至在孩子的行为已经明显越界的情况下也偏袒溺爱孩子到了极点。而那些教导孩子要有良好的边界感和尊重他人的父母，生活中也更可能会对自己的行为负责，并且展现出共情与悔改的能力。话虽如此，孩子出现自恋倾向，并不一定完全是父母的不良教养方式所致——有许多父母确实为孩子提供了一种充满关爱和鼓励的家庭氛围。

我们还注意到另一种情况，自恋在孩子身上冒头，是因为父母把孩子当作战利品或者自己人生的替代品——本质上是在贬低孩子的人格和物化孩子，误导孩子相信自己是没有感情的物件——于是这个自恋的孩子顺势学会了把其他人也看作可供自己支配的东西，同时无限放大自己的重要性。不难看出，在这种情况中可能会发生既"高看"又"忽视"的双重现象，从而给孩子埋下自恋的种子；父母可能会把孩子看得很完美，但同时，他们给孩子的反馈不够健康，他们没有真正把孩子当成一个人来看待，也可能会给孩子注入一种无价值感。

之所以说不够健康，是因为这个自恋的孩子被父母过高评价为"完美"，而这样的反馈与外界的真实反馈是不匹配的，因此面临压力的孩子被迫成为一个战利品，而不是一个立体而鲜活的人。这还会让孩子习得一种高度的特权感，潜移默化地形成一种观念——他们值得拥有一切，即使那并非自己应得的。

因为这种过高评价，孩子不完美但真实的人之本性得不到承认，从而发展出一种浮夸感，使孩子在无价值感和极度的自我膨胀之间来回摇摆——换句话说，孩子健康的自我形象被自恋所取代。它还可能导致孩子无法完整地接纳自己，而是高度倚重自己的某个单一优势（比如外貌、智力或其他天赋），以一种不健康的方式获取自尊。

自恋还具有生理遗传倾向——家族中如果存在自恋基因，就会在成员之间一代一代地被传递下去。一项 2018 年的研究综述对多个双胞胎研究进行了分析，最后得到的结论是，自恋是一种受基因影响的特质，并且具有"实质的"遗传性。而来自神经生物学的观点则提供了另一种思路，即 NPD 患者的大脑可能异于常人。研究发现，他们大脑中与同情心和同理心相关的区域存在结构异常——这一点很有意思，因为心理变态者大脑中与同理心和处理亲社会情绪（如内疚和道德推理）相关的脑区也有异常表现。

虽然每一种理论都很有说服力并证据确凿，但我要强调的是，临床专业人士对 NPD 的成因仍没有一个绝对的定论，最后的正确答案可能比任何一种理论都要复杂。病态心理往往是由生物易感性和环境之间的相互作用引起的，多元文化因素也可能导致一些心理障碍在某个国家的发生率比在其他国家中更高，在不同的文化背景中心理障碍的表现形式各异。

我们必须要考虑是否存在一些保护性因素或风险因素，它们能够决定自恋是否会以一种成形的人格障碍的状态显现出来，以及在个体身上的具体表现。这通常不是先天或后天的问题，而是二者共同作用的结果。会对障碍的表现形式产生影响的因素包括：强大的社会支持网络、有获得治疗或药物的渠道、家庭教养、宗教信仰、文化、媒体，以及家庭单元以外的其他经历，如霸凌、性侵犯、目睹暴力或其他可能弱化或强化病态倾向的创伤等。

简单来说，自恋的原因有很多，自恋者各自的文化背景也可能千差万别。我遇到过双重背景的自恋者——既有创伤经历又被过高评价的自恋者，他们的父母在他们很小的时候就为他们灌输特权意识。

谁是自恋者

你可能想知道自己的伴侣是不是自恋者、反社会者或心理变态者。正如你了解到的，自恋者、反社会者和心理变态者之间是有区别的，本书将把关注点放在三者症状的重叠处，即缺乏同理心和具有人际剥削行为。反社会者和心理变态者对法律、社会公德、他人权利的漠视程度都到了令人发指的地步，并会表现出暴力的行为倾向。正如你已经了解到的，根据罗伯特·黑尔（Robert Hare）开发的心理变态检查表，心理变态者往往会有冷酷无情、缺乏同理心、油嘴滑舌的表现，而且展现出肤浅的魅力，偏爱寄生虫般的生活方式，不对自己的行为负责，情感浅薄，以及滥交，而这些都是自恋者也可能具有的特质和行为。

然而，心理变态者往往有青少年犯罪的历史并具有多种形式的犯罪记录。心理变态者虽然也是欺骗感情的高手，精于从他人身上榨取自己所需的价值，但自恋者的"罪行"更多发生在心理和情感方面，他们的专长是贬低、诽谤和给受害者的生活搞破坏；与反社会者和心理变态者不同，理论上他们具有悔恨和内疚的能力，不过很多时候他们都因为过于自我陶醉和缺乏同理心而不愿悔改自己的行为。正如你所了解的，自恋者和心理变态者都被证实大脑异于常人——自恋者的脑部扫描表明他们大脑中与情绪共情相关的结构存在异常，而心理变态者的脑部扫描表明他们与道德推理、恐惧、回应性和内疚相关的大脑区域存在异常。

　　自恋者渴望并且需要外部认可，而反社会者和心理变态者通常不需要；反社会者和心理变态者压榨他人往往是为了获得乐趣、好处和个人收益，而自恋者压榨他人则常常是为了消除威胁。话虽如此，他们在压榨他人上通常是如出一辙的冷酷无情。我曾亲眼见识过自恋者和心理变态者用伤害他人来获取快感。其背后原因在于自恋型虐待者以权力和操控感为食，由于他们内在空洞无物，能体验到的人类情感十分有限，所以他们会通过给受害者制造创伤来获得每日"养分"。三者的分类并不一定是界限分明的，因此"标签"的重要程度要低于这样一个事实，即这些个体对受害者的情感、心理、经济和身体都造成了相当大的伤害。你可能还会发现有的人同时具有自恋和心理变态的特质。

关于自恋者，你必须知道的第一件事是：你永远不可能真正了解关于他们的任何事。根据一个自称是自恋者，名叫萨姆·瓦克宁（Sam Vaknin）的人的说法，这是因为他们会构建一个虚假自我来隐藏真实的自我。所谓虚假自我即他们呈现给其他所有人的自我：自恋者经常会装出一副聪明、成功、大方、善良和备受喜爱的万人迷的样子，然而私下里——通常是在面对自己最亲密的伙伴（无论是配偶还是男女朋友）的时候——他们往往残忍又自私、剥削成性、暴虐无常，表现出一种非理性的特权感，不仅缺乏同理心，还容易出轨，而且他们在诋毁受害者的同时，还会暗中制造能激发受害者的嫉妒和不安全感的情境，使受害者显得"疯癫痴狂"和"胡搅蛮缠"。

我约会过、结交过来自各行各业的自恋者。心理变态的社会工作者、浮夸型自恋的"网红"博主、有精神疾病的获奖导演、成功却傲慢的公司律师、自命不凡的程序员、肤浅的银行家——你能想到的，我都遇到过。正是因为他们我才对自恋型人格障碍展开了广泛的研究，并与受害者社区建立了改变我一生的联系。由于我在现实生活中与这些"掠食者"有过广泛接触，我注意到了他们之间存在的共性以及差异。这些差异之细微，如果没有亲身经历而只是在阅读中了解过这种障碍的人，很可能并不会注意到。

我想指出的一点是，尽管自信、成功、强大的自恋者形象在企业界很受欢迎，但并非所有的自恋者都在他们的人生中发挥出了全部潜力。人们对自恋者的一种误解是，他们都是非常成功的掌权者，然而，事实并非总是如此。

自恋者的背景不一，社会的各个阶层中都有他们的身影。他们可能是大权在握的公司 CEO，身后跟着一群小弟小妹；他们也可能是饭店的服务生，习惯在所有服务过的顾客中物色能够填充他们"后宫"的异性；他们可能住在豪宅里，或者还住在父母家里。他们中的一些人实际上并不是很成功，也没能实现多少人生目标——这部分人很可能是脆弱型自恋者，不过他们可能仍然会摆出一副高高在上的姿态来掩饰自己的挫败感。总的来说，在成功和白手起家的这条坐标线上，自恋者可能落于其上任意一点。

自恋者也可能占据那些看起来跟慈善与公益有关的职位。他们既可能从事帮助性职业（例如社会工作者等），也可能从事那些对自恋者而言再理想不过的、能行使权力的职业（如医疗专业人士、心理咨询师和执法人员等）。不得不说的是，那种人品好、工作能力强，真正能起到帮助作用的心理咨询师是存在的，但就像其他涉及专业职权的岗位一样，心理咨询师中也有滥用职权的人。某些有 NPD 或者自恋特质的心理健康专业人士会通过伪装成关心他人、富有同理心的人，来从自己的来访者那里获取自恋供给。

不幸的是，患者被治疗师虐待的情况并不少见，因为有些治疗师本身可能患有 NPD 或 ASPD，而精神病学领域为他们提供了一个卖弄自己并获取自恋供给的完美空间。他们滥用自己的权力，辜负了这个本应是付出性的、疗愈性的治疗联盟，凭个人的好恶来挑衅、嘲弄和操纵受害者。这就是为什么亲密伴侣暴力的受害者必须寻求一个肯定性的、通晓这些心理障碍及其背后研究、富有同理心的专业人士，否则就有被那些不合格的、本该起到帮助作用的专业人士二次伤害的风险。总之，单凭一纸证书是无法消弭性格上的缺陷的。

无论他们的职业背景、声望或地位如何，大多数自恋者和心理变态者都有一个共同点，那就是严重缺乏同理心，有一种夸大的特权感，而且无论处境如何都不愿改变自己具有破坏性的行为。这就是跟自恋者发展感情会如此伤人的终极原因。

我们应该体谅自恋者吗

由于 NPD 是一种人格障碍，有的人可能想知道为什么我们要向这些类施虐者追究行为责任。毕竟，为什么有人需要为自己的疾病承担责任呢？我认为，将 NPD 与精神分裂症等精神疾病进行类比是适得其反的，因为许多自我鉴定为自恋者和心理变态者的个体都没有否认自己具有以伤害他人为乐的恶趣味，并坦诚在知道这种伤害时会产生一种控制感和权力感。

鉴于研究表明自恋和心理变态与预谋性攻击（premeditated aggression）和反应性攻击（reactive aggression）都有关联，而且二者对他人所能造成的人际伤害和痛苦的程度远高于自己的心理痛苦程度，我和许多其他研究人员认为这些障碍不同于其他心理健康问题，甚至跟其他人格障碍也有明显差异。

自恋者和心理变态者完全明白自己在做什么，也很清楚自己的行为会造成哪些影响——我们不仅能从自恋者和心理变态者自己坦白的内容中知道这一点，而且从他们抹黑受害者的方式以及他们用来逃避责任的各种手段中也能窥得一二：如果没有意识到自己的罪过，并试图掩盖它，他们就不会密谋把自己的行为怪罪到别人头上；同样，如果他们的行为不在主观控制范围之内，就不可能在被他人看穿的时候迅速地戴上虚假自我的面具，以掩藏真实自我。

此外，虽然自恋者并不会为自己的行为感到抱歉，但我们在前面提到过受害者常常会乞求他们表现得更友善一些。由于具备认知共情的能力，自恋者完全有能力这样做，而他们非但对这些反馈不屑一顾，甚至还变本加厉。自恋者其实可以把这些变着花样折磨人的精力放在反省自己的行为并寻求积极改变上——这对他们而言，并不是什么难事，然而他们对受害者没有任何同理心，因此也不在乎会不会伤害对方。

西蒙（Simon）博士的《披着羊皮的狼》（*In Sheep's Clothing*）一书指出，自恋型虐待是一种旨在踩躏受害者的蓄意谋划。这打破了施虐者值得同情的刻板印象——施虐者不值得同情，我们也不必因为心软而任其摆布，同情心和同理心只会让他们乘虚而入，找到进一步伤害我们的机会。此外，在察觉到虐待的蛛丝马迹时，应该大声疾呼以拆穿施虐者的诡计，这一点如今的幸存者也做到了。虐待就是虐待，它不是一个多么微妙的问题，也不必考虑那么多的难言之隐。任何理由，包括成瘾问题和 NPD 在内，都不能成为对他人实施情感或躯体虐待的借口。

我认为，自恋者和心理变态者与一般的物质成瘾者是有很大不同的，后者单纯是因为上瘾而产生了物质依赖，相较之下，前两者则是将酒精或其他成瘾物质作为自己施虐的借口来逃避担责——这意味着他们的物质滥用与自恋并存，是一种伴生疾病。许多幸存者都遇到过这样的自恋或心理变态的伴侣，他们把酒精或毒品当作借口，以此合理化自己的言语虐待和心理虐待行为。自恋者和心理变态者可能通过滥用药物来填补内心的空洞感，以期摆脱如影随形的无聊乏味感和麻木感。三者的不同之处在于，自恋者和心理变态者的虐待行为是不分场合的，他们即使在清醒的时候依然会操纵他人并以自我为中心，而单纯的物质成瘾者则不然。

神经科学研究的发现还表明，心理变态者滥用物质的原因可能与非心理变态者不同——由于他们的大脑异于常人，其相关脑区对有关成瘾物质线索的神经反应也不同于常人，基本不会在神经生理层面产生对成瘾物质的渴求。用研究人员的话来说，"心理变态和物质使用障碍（substance use disorders）是高度共病的，但临床证据表明，心理变态者滥用药物的原因与非心理变态者不同，而且心理变态者在强制戒毒期间通常不会出现戒断反应和药物渴求感。心理变态者在滥用药物的动机和对应症状上与一般的瘾君子存在差异的原因可能和这些神经生理方面的异常有关"。

心理变态者容易感到空洞乏味，需要获得持续的刺激，这可能才是他们滥用药物的原因，他们并没有无法自控的药物依赖。事实上，一些心理变态者甚至可能故意滥用药物，好为自己预谋中的暴行找个由头。

我想强调的是，确实有人是单纯地有严重酒精成瘾的问题，他们也的确需要帮助、支持和同情。关键是要记住，有很多人虽然滥用酒精或其他药物，但他们并不会虐待他人。那些滥用酒精并虐待他人的个体往往以自己的成瘾为借口伤害他人，从而使自己不必为在酒精影响下的虐待行为担责。真相是，解决自恋者的成瘾问题并不能补救他们缺乏同理心的事实。《他为什么打我：家庭暴力的识别与自救》（*Why Does He Do That? : Inside the Minds of Angry and Controlling Men*）的作者伦迪·班克罗夫特（Lundy Bancroft）以他自己的从业经验证实了这一点。班克罗夫特曾经的工作对象有许多都是滥用药物的人，他们在滥用药物时仍然能做出有意识的决定，他们的虐待行为蔓延到了药物滥用影响范围之外的时间和场合，但多以更隐蔽和微妙的方式呈现。

这一区别被讨论得不多，但是药物滥用和自恋的异同必须得到重视，因为受害者可能不会主动斩断关系——如果他们知道施虐者存在某种物质成瘾问题，因为这会误导他们相信如果能帮助对方解决成瘾问题，虐待问题就会迎刃而解——这和事实相去甚远。

一项大规模研究还发现，酒精或药物的使用以及心理变态特质是暴力行为的最佳预测因素。所以，如果你正在和一个既有自恋迹象又有药物滥用迹象的人约会，一定要多长个心眼，尤其是如果他们还不愿意接受治疗。他们可能并非由于无法自控的成瘾而处于痛苦挣扎中，而是正沉浸在有预谋的致幻之旅中并以暴力和权力感喂养着他们的自我，且在清醒后以受到药物影响为借口而拒绝为自己的虐待行为担责。

我赞赏每一个主动寻求帮助和治疗的具有 NPD 或自恋和心理变态特质的人，但许多"资深"的自恋者不会这样做，他们会选择继续伤害他人以获取自恋供给。缺乏寻求治疗的意愿是 NPD 的一种固有特征，因此，受害者应该随时留意这些类型的虐待行为，因为通常情况下，这种施虐者不太可能改过自新。

受害者经常被要求对施虐者保持宽容，而且他们在谈论自己遭受的虐待和提及他们的施虐者时稍有不慎就会被指指点点。我们被教导应该体谅施虐者，不要责怪他们，因为他们也是迫不得已的，一切都是"他们的童年创伤"造成的，是"他们的成瘾问题"造成的，他们"只是大脑的构造有点不同"（最后一条可能有一定道理，但具备认知共情的能力也意味着有能力辨别是非）。我并不是要否定任何人的创伤经历或创伤的影响，因为我亲身体验过创伤——尤其是长期创伤——对一个人的影响有多大。

然而，我可以告诉你，在我此前与成千上万幸存者的交谈中，许多创伤受害者因为害怕自己也会变成施虐者，所以会格外注意自己的言行举止。他们常常会因为害怕自己也被传染上了施虐者的特质而向我求助，但实际上他们是在学着释放因施虐者的恶行产生的合理的愤怒情绪，并有意识地努力保持自我觉察，以便及时发现任何适应不良的行为。他们都是富有同情心的、善良得不可思议的人，他们想要确保自己不会把个人的伤痛发泄在别人身上，并且时刻对自己的过失保持内省——我经常不得不温和地引导他们少自责。

因此，我对这种观点表示否定，即前面提到的任何一个原因都能够作为虐待的正当理由，或施虐者不应被追责。他们仍然应该为自己的行为担责，不仅要承认自己的行为对受害者造成的损害，而且要承诺采取积极的行动改变现状。我们忽略了施虐者拥有自由意志这一事实，至少他们是有是非辨别能力的，看到受害者因为自己的所作所为而陷入痛苦，他们可以寻求帮助来改善自己的行为——无论他们是否患有任何障碍或存在创伤史。

我们越是为任何形式的虐待进行辩护，将其合理化、最小化，或将它归咎于施虐者以外的任何东西，就越是在把那些真正需要我们的体谅和同情的受害者推向孤立无援的深渊。如果一个社会中的施虐者可以不必为自己的行为担责，那我们很难指望这个社会日后会往好的方向发展。

倒错的羞耻循环是这样的：①一个受害者被虐待并尝试倾诉自己的遭遇；②社会试图对他进行封口，责备并因他将自己的受虐经历公之于众而羞辱他；③受害者因此感到进一步的孤立无援，而施虐者则可以随心所欲地继续施虐而无须承担任何责任。你会发现即使我对虐待行为进行了情境化的区分，以及讨论了不同精神障碍之间存在的微妙差别，而在本书中我对所有的虐待行为及其衍生影响都是直言不讳的。我将尽量避免一切可能助长这种责任转移、最小化或否认虐待危害的不良风气的措辞。早就该有把矛头对准施虐者和受害者有罪论的声讨声了，我写书是为了支持受害者，让羞耻感真正"物归原主"——回到虐待他们的人身上。

我们是有同理心的人，这意味着一些受害者可能会怜悯或同情自恋型施虐者。这是个人选择，而不应该被强加到其他受害者或非受害者身上。如果你想对你的施虐者慈悲以待，请先确保你对自己也有足够多的自我慈悲，也不要因为你的慈悲放过对方，使其免于担责，或者放任你自己继续在这段"有毒"的感情里受折磨。如果你没看透他们掠食动物般的本性，还试图同情他们而不是远离他们，将来一定会再次受到伤害。这种类型的操纵是残忍无情的，而且可能会造成受害者终身难愈的创伤。

社会中存在一些主张受害者有罪论的人，他们会试图用道德绑架来迫使受害者对施虐者加以谅解。如果你想对虐待你的人表示同情或者原谅对方的暴行，那是你的自由。然而，请不要把你对施虐者的态度和感受强加到其他受害者身上，因为这是对他们的再次伤害。拜施虐者的控制行为所赐，长久以来，无论是感受、思考，还是行动，受害者皆是身不由己的。他们最不需要的就是社会上的其他人——无论是受害者还是非受害者——把自己的感受强加到他们身上。

我也从来不同意受害者和施虐者一样都对虐待负有责任的观点，将来更不会。认为虐待是双方"共同造成"的这种想法，虽然对某些人来说是一种赋权，但我感觉这种想法很危险，并且近乎于是在怪罪受害者。我知道当作者们谈及这个问题时，他们常常是在鼓励我们正视自己的创伤并进行内在的自我测查，以直面不健康的关系模式，看看自己是否存在一种总是被"有毒"的人吸引并与之纠缠不清的倾向。我完全赞成这种鼓励自测的做法，但我认为还有一些人，他们对"共同造成"的使用涉及灵性层面的合理化和受害者有罪论，这是我不能认同的。

受害者当然可以自我审视，这有助于他们与自己保持一种健康的关系。然而，抛开过去的伤害不谈，在一段权力失衡的关系中，根本不存在实际意义上的"共同造成"，尤其是在施虐者用洗脑和虐待对受害者进行控制的情况下。

我常听到受害者们责备自己无知大意，但事实是，谁又能一眼就看透对方如此逼真的假面呢？况且哪个正派的人能够预料到这样的恶意呢？只有当我们意识到有些人可能缺乏同理心或毫无良知时，我们才会停止将自己的共情能力投射到他们身上。请记住，受害者跟施虐者在一起并非因为一早就知道对方是自恋者——他们先是被对方的假面吸引，然后在感情中的情感和心理投入越来越多，直到发展到难以自拔的时候，对方才撕破伪装露出自己的真面目。

这会造成创伤和生物化学层面的联结，使受害者被迫与施虐者牢牢绑定在一起。社会仍然没能理解的是，像这样的虐待关系真的会改变大脑结构并重塑神经回路，使受害者难以摆脱自恋型虐待循环的影响。从这类创伤中幸存下来的个体需要借助大量的支持、认可、知识和资源才能放下过去，继续往前。施虐者应该对自己的行为负全责。

至于受害者是否也会发展出虐待倾向的问题，我们必须谨慎区分对虐待的反应和虐待行为本身。例如，一个选择与施虐者断联的受害者并非是在"筑墙"而是在进行自我关照。长期虐待引起的反应与相互虐待不是一回事——前者是受害者试图在虐待环境中幸存下来而发展出的适应不良的应对机制，在某些情况下，它们也是正当防卫。

受害者理应赋予自己自主权，但这并不意味着他们需要对另一个人的病态扭曲负责，他们真正该做的是用这些关于虐待手段的知识武装自己，并通过寻求专业支持与妥帖的自我关照来疗愈虐待导致的创伤。

自恋者的虚假自我和真实自我

自恋者对他人没有同理心，他们与他人建立联系有且只有一个目的：获得自恋供给。自恋供给指被自恋者作为战利品俘获的人们的关注和钦佩。任何东西，甚至是某种对他们这些把戏的情绪反应，只要能"戳中"他们的虚荣心，都可以成为自恋供给。自恋者离不开这些供给源，因为他们被困于长久的空洞乏味之中，情感浅薄，没有可以和人进行真实的情感交流的同理心。

自恋者倾向于将你视为他们自己的延伸，比如一个手提包或一件家具，而不是一个有着自己的需求、愿望和欲望的立体的人。虽然拥有真心的、不自恋的人会希望在情感上与他人建立深层次联系，但自恋者害怕并厌恶亲密关系，因为亲密关系会使他们投射出来的虚假自我无处遁形，从而暴露出真实的自我。

自恋者缺乏同理心，所以他们无法理解他人的需求和感受。他们能把虚情假意演绎得让人难辨真伪，并变身迷人的"变色龙"，可以随机应变地附和察觉到的别人的期待和需求。他们这样做是为了得到自己想要且需要的东西："后宫"、观众、其他各种形式的自恋供给——关注、赞美和既能满足他们的虚荣心又不必真正投入的假性亲密关系。

这个虚假自我是由他们在多年对他人进行学习模仿中所收集的各式人设、品格和特质，以及从各种媒体中得来的信息拼凑起来的。自恋者具有我们称为冷共情或认知共情的能力。根据研究人员的说法，自恋者能够从逻辑上理解为什么一个人会产生某种感觉，这让他们得以颇具策略地分析如何从别人那里得到他们想要的东西，不过因为他们缺乏情感共情（affective empathy）的能力，所以他们并不在意是否会给他人带来伤害；此外，有研究表明，自恋者和心理变态者都会在看到悲伤的脸时产生积极情绪，有些自恋者甚至能从给别人造成的痛苦中找到一种施虐狂般的快感，他们可能会流露出懊悔的情态，或者假惺惺地哭几嗓子，但这通常发生在没有其他办法逃避责任的情形下。

然而，自恋者在恋爱初期确实会用这种假面伪装自己，并以一种假性的亲密感和安全感来诱惑他们的受害者。大多数自恋者往往是华丽迷人且魅力十足的，他们通常具有一种糅合了故作的纯真和"无辜"而极具攻击性的魅惑的吸引力。我的许多读者和咨询者都留意到，他们最初就是被自恋者那万事不愁的态度给吸引的。许多自恋者似乎可以完全不受情绪的影响，他们中的很多人在和其他人打交道时既主动又大胆，而另一部分则可能看上去心不在焉或"已离线"。

因此，不出所料，有研究发现，恋爱经历较多且结婚意愿较强的女性实际上更喜欢有自恋特质的人，因为他们往往更有人格魅力，具有更高的社会地位，能提供的资源也更多。这些女性可能以前就遇到过自恋者，但仍然希望和这类人发展长期的伴侣关系。尽管自恋者在恋爱关系中具有长期的破坏性，但从表面来看他们仍然可以是理想的恋爱对象，因为他们颇为擅长展示自己的自信和与众不同，从而吸引到潜在的伴侣。

自恋者对外表现出来的形象可能无比豁达，甚至很有精神追求，还仁慈善良，通常只有在最亲近的人面前——他们的受害者面前，自恋者才会彻底展露他们的残暴本性。与反社会者和心理变态者一样，自恋者藏在这种体贴、魅惑、迷人的仪表背后，借此引诱他们的受害者，并在遇到被揭穿的威胁时为自己开脱——受害者往往会受到他人的质疑，毕竟谁能想到犯人就藏在自己眼皮子底下呢？

这正是自恋者维持表面形象的方式——如果没有对他们性格认知的反复迟疑不决，卑劣、体贴和热、冷交织的虐待循环造成的创伤就不会这么大。每当我们看到他们"美好"的一面时，这种怀疑就会被进一步强化——我们会开始怀疑那些虐待是否真的存在过，是否只是自己想多了，而真相是，我们不过是目睹了自恋者在甜蜜时期的假面，以及他们在黑暗时期的真实自我。

任何人都可能被自恋者的假面所愚弄，包括受过高等教育、成功、自信和有魅力的人。许多聪明的人会被自恋者欺骗，只是因为他们无法想象有人会像自恋者或反社会者那样轻易就能做出故意操纵和伤害他人的事情。让我们现实一点：没人愿意相信他们所在意的人会伤害自己——他们宁愿相信对方的假面，因为另一种情况的可怕程度让人难以想象。

在这种类型的关系中，我们很可能会因为有这样一个翻脸比翻书还快的虐待型伴侣而产生冲突的信念、感觉和想法，进而引发认知失调，而这可能需要我们花费大量的时间和精力来化解。化解认知失调涉及对我们的确遭受了虐待这一事实的确认，立足于现实，而不是否认虐待并使其最小化或合理化——虽然这在与施虐者的创伤性联结中是难以避免的。

受害者必须接受的第一个事实是，自恋者对受害者的情绪不会有真正的同理心，当这一点被指出来的时候，他们会发火或对你进行煤气灯操控。除非有利可图，否则他们很少为自己的行为担责。自恋者能拥有的最接近真情实感的体验是自恋损伤，这是当有人批评他们或者对他们过度的优越感和特权感构成真实乃至假性的威胁时，他们所感到的自恋暴怒和绝望。但这仅仅使得他们更加忙不迭地去加强对虚假自我的保护，试图让他们忏悔是不可能的，他们总是把自己的真实自我护得严严实实，这就是为什么你永远赢不了自恋者——他们将永不放松地死守着虚假自我的堡垒。

自恋者是如何做到这么善变还能不被揭穿的？事实是，自恋者能够创设出多个虚假自我，以便在不同的背景下和不同的人面前随机应变，进而从他们的观众那里获得自恋供给（赞美、关注、金钱、性等）。他们还精通煤气灯操控和投射，他们运用这些伎俩来让社会相信他们的受害者是疯子，并让受害者怀疑自己对现实的看法是不准确的。

自恋者会对受害者进行煤气灯操控，于是受害者也开始对自己进行煤气灯操控，并以为自己所感受到的、听到的、看到的和经历的都不是真的。自恋者会操纵受害者，让受害者认为那些伤人的话真的只是个玩笑，他们的出轨只是一次性的。为了满足一己私欲并掩盖自己的操纵计划，他们中的许多人对歪曲事实习以为常，每天都是谎话连篇。

因此，自恋型虐待的受害者经常感到被孤立和无助也就不足为奇了。自恋者能很轻易地让外界相信他们是精神正常且理智的一方；病态自恋者擅于把挑战他们自我认知的人污蔑为疯子，他们会用这个词来描述受害者对他们阴暗且矛盾的行为所产生的一切合理的情绪反应。这是最初级的煤气灯操控（使一个人失去对现实的真实感知），而随着时间的推移，它会变成一种复杂的心理折磨——受害者开始不信任自己对隐性虐待的感知，感觉无法确信自己所处的现实是否真实。

虐待循环

自恋型施虐者的虐待循环包括早期的理想化阶段或蜜月期，然后是一次虐待事件或一系列的虐待事件，接着又回到理想化阶段，进入新的循环——利用间歇强化的方法，包括对受害者的贬低以及过度关注与追捧。

自恋型施虐者首先会对伴侣进行理想化，把对方捧上天，以不停送礼物和发消息的形式表达无微不至的关心。他们会和伴侣分享自己的秘密和故事，以建立一种特殊的联结，这种套路也能让伴侣感到似乎可以向他们袒露自己内心最深处的脆弱和渴望。之后，他们会利用伴侣的坦诚作为武器，攻击伴侣的弱点，以获取心理上的控制感。

自恋型施虐者还会趁着蜜月期让伴侣完全地交付身心。在理想化阶段，伴侣会感受到从来没有过的美妙：感到自己是美的，是被爱着、被珍惜着的，觉得遇到了自己的灵魂伴侣——这就是所谓的甜蜜轰炸的手段。在甜蜜轰炸或理想化阶段，自恋者会刻意迎合受害者的价值观和兴趣，让他们觉得自己遇到了"命中注定的那个人"。

随之而来的贬低，再加上间歇性的甜蜜轰炸，让受害者在紧张期形成一种条件反射式的如履薄冰，满心希望蜜月期能够持续下去，却不可避免地又一次遭受虐待，创伤循环也由此一再升级。在整个虐待循环中，自恋型施虐者无时不在打压受害者的价值感，不断加剧受害者对肯定和认可的渴求，以此维系受害者对自己的依赖。

这些施虐者只会给受害者最低限度的关注，刚好足够让受害者依然抱着对方会回到理想化阶段的幻想而留在他们身边。随着虐待不断升级，受害者会因为创伤性联结而被"调教"得越来越适应虐待，并愈加地投入这段虐待关系。

虽然循环持续的时间并没有一个上限，但受害者如果中途识破了自恋者的图谋，就可能会被对方抛下，或者自己结束这段关系——尽管自恋者有时会通过操纵将其拽回关系中，或是火速用另一个供给源来替换受害者。

就像其他自恋型虐待的受害者一样，我和虐待者的关系模式是这样的：先是一段甜蜜的、过度理想化的蜜月期，在对方进退得宜的"顺毛"、赞美和讨好中，我被捧上高台，接着是一系列的贬低事件凌乱地出现在余下的理想化阶段中。我用"凌乱"这个词，是因为许多隐性自恋者在贬低手段的选择上有着令人难以置信的战略性——在整个理想化阶段，他们甚至可能都不屑于去掩饰自己遗留的关键线索和危险信号，因为他们知道你想不到：你会误将他们的粗暴无礼当成是另类的坦率或建设性的批评；你被牵引着试图赶走他们心中的恶魔，把他们从对你的误解中营救出来。

在贬低受害者这件事上，自恋者的手段隐秘而卑劣，且操纵性极强，令人防不胜防。他们既会痛击你不自信的地方，也会打压你最引以为豪之处——这是一种左右开弓的贬低。如果你将自己最不自信的地方坦诚相告，他们一定会在某个时候见缝插针地刺你一句；如果你让他们知道了自己最自豪的成就，他们就会想方设法侵蚀你的自豪，让你感觉自己好像也没有多出色——因为，理所当然地，只有他们才配被称为是出色和独特的。

这种贬低可能会被伪装成刺耳的"玩笑"或"逆耳的忠言"，而实际上他们是在以言语暴力、谩骂、居高临下的讽刺、突然的冷眼相待、公开或隐性的贬低，又或用与他人做对比，来给你灌输一种无价值感。除了这些方式，贬低还可能以明目张胆、大加鞭挞的形式出现。在我被贬低的经历中，在那种更堂而皇之、火力全开的炮击中，经常会有持续数小时、伴随着言语及情感虐待的争吵，随后便是假惺惺的忏悔和自恋者昙花一现的虚假自我，以便其用甜言蜜语将我哄回去。

这个循环会再次重复，直到进入暂时的抛弃阶段——这时自恋型施虐者会在自恋暴怒中将我抛弃，如果被质问就用"筑墙"的伎俩打发我，然后又会通过"回吸"（hoovering）再次回归（"回吸"即施虐者通过假装自己已经洗心革面来试图重新控制受害者的策略，你会在后面的"回吸"一节里详细了解到这种手段），最后是彻底的抛弃，当然，这也给了我跟施虐者全方面断联并结束循环的机会。

自恋型虐待循环对于受害者来说很难摆脱，因为其中涉及大量的煤气灯操控、投射和其他心理操纵。

施虐者能够说服受害者，使其相信自己并不是真的遭受了虐待，诱导他们否认或最小化自己的虐待遭遇。自恋者甚至还可能蛊惑受害者，通过将自己的毛病投射到受害者身上，或将受害者的优点歪曲为缺点来让其相信被虐是他们自找的。

于是受害者被误导，觉得这些虐待事件只是"误会"，是因为自己做错了什么对方才会变得这样忽冷忽热。不幸的是，自恋者——具有反社会人格、缺乏良知的个体和受害者的近亲，其背后的意图和病态机理远比我们所能设想的要更加恶毒、有害且深不可测。

受害者一生都在等，等施虐者改变，等他们的体贴变为残忍，等躲过下一次的打击，等合适的时机结束这段关系。只有当停止等待并动身离开，他们才能着手梳理自己所逃离的到底是什么，并踏上复原之路。离开不是一件容易的事，要治愈自己则更加不容易，但找对了资源和支持，就可以让整个过程更加顺利。

不用多久，自恋者就会开始在虐待循环中贬低受害者。他们会明里暗里地贬低受害者，全方位地向受害者灌输一种无价值感，连一个眼神都不会多给受害者，就把受害者从高台上拽下来。心理学家推测，自恋者之所以会贬低他们的伴侣，是因为尽管他们一开始依赖伴侣的能力来提升自尊，以及增强虚假的优越感，但随着关系的进展，伴侣会不可避免地触及他们不完美的一面，从而被他们视为过于"现实"和"难搞"。

受害者请施虐者正视自己情感需要的恳求可能会被自恋者感知为一种自恋损伤，而事实上，这也的确会导致科胡特（kohut）所说的自恋暴怒，即自恋者感知到在理想化阶段所塑造的完美形象受到威胁时的反应。

不要忘了自恋者可能会装出假慈悲的样子，跟受害者打感情牌，表现出支持和理解的模样以赢得受害者的欢心，并使受害者相信他们就是命定之人。当自恋者在对你进行理想化的时候，其实你也在理想化对方。在对方面具滑落、原形毕露，而受害者开始质疑他们的行径的时候，他们就会贬低受害者，以期挽救他们幻想中的虚假自我形象。

在忽冷忽热的阶段，他们可能会在"热"时对受害者爱护有加，但更多时候等待受害者的是他们在"冷"时的"筑墙"、奚落和贬损。以下是一位读者的亲身经历，这是个很典型的例子，形象地说明了贬低是如何以微小、隐蔽的方式发生的。

我爱上了一个自恋者，这是迄今为止我经历过的最煎熬的事情。他也爱上了我。我以为他就是我的真命天子。我相信他是真的爱我，但我想自恋者对于自己以外的人的爱是有时限的，每隔一段时间他们喜新厌旧、渴求他人关注和赞赏的毛病就又会发作……但这个"他人"并不包括我（雪上加霜的是他作为一名男护士，身边的同事大多是女性）。我们分开已经4个月了，但我仍然思念他，这让我感到害怕。我不想思念他，但我做不到。我也不想爱他，但我就是无法不爱他。我们在同一家医院工作，而我最近发现他已经在和别人约会了。我不明白自己为什么会因此感到生不如死，但我的真实感受就是这样。你的文章《自恋者支配你头脑的五种阴毒手段》（"Five Powerful Ways Abusive Narcissists Get Inside Your Head"）简直准得可怕。

我想现在我的自信心正岌岌可危，因为他让这一切看起来像是我造成的，而实际上是因为他。我也知道这不过是我脑袋里的一些杂音罢了，但我仍然会被影响到。刚开始的时候我们是那么的浓情蜜意，但开始发生退避事件后一切就都变味儿了——他摆出一副像是受不了我的"黏人"的样子往后撤，我被他弄得感觉自己招人嫌弃的同时又被需要着。我们在正式分手后那一年半的时间里，都在玩着这种来回打转的游戏。他会消失好几个星期，然后又回来找我……但是，傻瓜如我，最终还是会选择再次相信他，然后他又会退得不见踪影。这太荒唐了。我真的想不通一个人怎么可以这么自私无情、毫无愧疚地玩弄别人。

他会对我说这样的话，"你有点儿内向了""你太安静了""我只是觉得无聊""我希望我未来的妻子是这样的……（你应该能猜到他会说些什么）""我需要一个能让我产生征服欲的人""我只是不知道我想要什么"，以及我觉得最可笑的——"我只是还没想好要安定下来"，就好像如果他能继续和我在一起，以后说不定就会安定下来。当看似无关紧要的评价一再被重复，就会让被评价的人开始相信这些都是真的。当我当面跟他抗议这些评价很冒犯我的时候，他只说是我太"玻璃心"了。但之后他会来个180度大转弯，向我诉说他对我的思念有多深，他有多常想起我，以及有多想和我在一起。

现在他在和别人约会了，只剩下我还在和脑子里这些可怕的想法较劲，担心自己是真的不够好。就像我说的，我知道他才是问题所在，但是我真的很难控制自己的念头。他给我留下的感情包袱让我不堪重负地挣扎在抑郁、愤怒和沮丧之中。每当有人评价他有多么贴心、帅气、正直和幽默时，我都感到非常恼火。他的确可以是这样的人，但那只是他的角色扮演游戏。他总是在装模作样，所有人都被骗了，很少有人能看穿他的真面目，这实在让我很不爽。

我不是第一个被他这样对待的女孩，而且我知道我也不会是最后一个。见鬼，他对朋友也这样……他就是没有心。但这并没有让我感觉好受些。我想我要问的是我怎样才能停止对他的迷恋？你有什么方法或技巧可以帮我控制住脑海中的负面想法吗？我察觉到我真的在质疑自己是否不够外向，不够刺激，不够漂亮，不够有灵气，等等。老实说，这让人很难受。我明白保持我本来的样子就很好，但情感虐待的后遗症依然存在。谢谢你能听我说这些。

正如你从这个例子中所能看到的，自恋者可以用一种隐蔽、滴水穿石般、能逃过受害者注意的方式来对受害者进行贬低。他们会在受害者的脑海里埋下种子，不断强化受害者的无价值感，直到缺乏自我价值感这个想法在受害者脑海里生根发芽。他们会以玩笑的方式随口对受害者说出残忍的、侮辱性的话，因为即使受害者感觉很刺耳，也找不到话柄去追究他们；他们对受害者说脏话，批评受害者的一举一动。他们会明里暗里地跟别人调情；他们会玩消失，并让受害者逐渐习惯被拒之门外，这种无声的疏远可能是随机的，也可能发生在任何受害者想要让他们对自己的矛盾、可疑的行为给出解释的时候；他们会引发嫉妒，利用另一个人的存在来让受害者产生嫉妒，并让自己显得更抢手。

任何人都可能被他们利用——从餐厅的服务生到异性亲密朋友，同事，甚至是受害者自己的家人或他们的家人——自恋者就是能有这么丧心病狂，因为他们没有下限。不管是谁，他们都会想尽办法把对方追到手，并确保受害者会看到或者听说这件事。他们喜欢玩游戏，并给受害者一种需要通过与其他人争宠以赢得他们的爱和关注的感觉。

如果受害者在他们面前抱怨，或提起任何让受害者感到不适的行为，自恋者就会给受害者贴上"疯子"或"玻璃心"的标签。他们用"筑墙"来打发受害者，突然停止与你争论，连续数小时甚至数天都不理人，在某些极端情况下，连续好几个月都对受害者沉默相待。他们会歪曲受害者的情绪，用煤气灯操控把受害者逼到感觉自己是真疯了的地步。受害者会怀疑自己并向他们道歉，即使他们并没有做错什么；受害者会发现自己在试图教会一个成年男人或女人一些关于尊重的基本原则。

关键是要认识到，自恋者打造了一个虚假的、黑暗的替代现实，在这个现实中，他将自己的病态安在了受害者身上。在整段关系中，受害者会被贴上"精神不正常""过度敏感"的标签，即使受害者正在承受常人难以想象的、来自施虐者的言语和情感攻击。施虐者喜欢使用煤气灯操控和投射技术，以此从根本上重写这段关系中的虐待进程，并将所有责任都推给受害者。由于容易产生认知失调，往往受害者会因为对方的虐待而开始责怪自己，并试图否认或最小化受害者正在经历的创伤的严重性，以便更好地接受及应对这样一个事实，即他们在意的爱人是一个病态的施虐者。

在贬低阶段之后，受害者将被抛弃，而且往往是以最糟糕的方式。"抛弃"一词所指的情况是，自恋者厌倦了当前的供给源，并通常会往下一个目标转移。在抛弃阶段，受害者对自恋者已经毫无价值可言了，所以他们不会再给受害者情感上的支持，更不可能用任何形式的告别或其他努力来试图让受害者在被抛弃的过程中感觉好受些。

自恋者想让受害者感到自惭形秽，所以他们会用最恶劣的方式来抛弃受害者，让受害者觉得自己不配为人，毫无价值。例如，一些自恋者会故意在短暂而激烈的甜蜜轰炸后抛弃受害者，或在他们哄骗、暗示要和受害者建立健康的亲密关系的时候抛弃他们，一切都是为了在受害者正处于推心置腹的情绪状态下给他们当头一棒，让他们感到格外惶恐无措。自恋型虐待的受害者在贬低和抛弃阶段受到羞辱和打压往往是最严重的。这是自恋者向自己证明他们的生活不再需要受害者这个人的一种方式，因为在他们看来，受害者作为供给源并没有"满足"他们的需求，一个合格的供给源应该能够无上限地迎合他们的虚假形象，即使受到情感甚至身体上的伤害也没有怨言。

相信吗？被自恋型伴侣以恶毒的方式抛弃实际上是一个创伤性事件，因为它动摇了人们的三观，让一切都变得好像不正常了。就像经历身体疼痛时一样，当我们经历社会排斥时，大脑也会释放有助于止痛的内源性阿片类物质——被拒绝真的会让人感到字面意义上的"痛"！想想看，如果有一个曾经看起来很喜欢你的人忽然开始贬低你，以及残暴地虐待你，然后又像什么都没发生过似的随手将你抛弃，这整件事会有多伤人。抛弃本身就是一种创伤事件，而这段关系中数不清的轻微冒犯、拒绝和虐待更加造成了一连串的创伤事件，而正是这一连串的创伤使恢复变得非常困难。

　　研究显示，具有自恋和心理变态特质的个体与前任保持联系的原因跟较阴暗的实用主义有关，比如为了满足肉欲或继续攫取可观的经济和社会资源。所以永远不要相信对方联络你是因为"想你了"这种糊弄人的鬼话，他们对你本身的想念是真是假不好说，但肯定很想念你能为他们提供的一切。许多受害者在经历虐待循环的抛弃阶段后，还会经历这样一个被称为"回吸"的附加阶段。这个阶段的自恋者会像个真空吸尘器一样，试图把你吸回这段关系的创伤漩涡中。通常这种情况发生在受害者脱离了自恋者的掌控，打算让一切都翻篇并继续自己的人生的当口。此时自恋者会试图再次夺取控制权，他们开始"重新理想化"自己的前任及双方的感情，同时"拉踩"他们当前的一切感情关系。

回吸在多长时间后都可能发生。目前已知的是，即便受害者进入了一段新的关系，刚结婚，又或者已经生儿育女，乃至更久以后，自恋者都可能毫无预兆地对他们进行回吸。一想到自己以前的供给源已经准备就绪，随时迎候他们心血来潮的"临幸"，以及二次伤害与再次抛弃，他们就会兴奋不已。

一通电话、一封邮件、一条短消息，或是不请自来地找上门，都可能藏着他们回吸的心机。同时，回吸也可以通过第三方的消息传递来进行。自恋者也会在贬低阶段之后的虐待循环中穿插较小规模的回吸，但这通常是在受害者还没有脱离关系的时候。抛弃阶段之后的回吸可以迷惑受害者，让其误以为自恋者想念他们，而自恋者实际上只是将回吸作为重新获得权力和进行控制的一种手段，尤其是在受害者先"抛弃"了自恋者的情况下。这种方法使虐待循环得以继续，特别是如果受害者容易被他们的回吸套路摆布的话。

自恋者的语言

自恋型虐待造成的心理和情感创伤可能会伴随受害者终生。然而，自恋型虐待之所以如此危险，是因为它往往不被视为虐待。心理健康专业人士现在才开始研究和理解心理咨询师克里斯蒂娜·路易斯·德卡农维尔（Christine Louis de

Canonville）所说的"自恋受害者综合征"（narcissistic victim syndrome），以及长期虐待和复杂性创伤后应激障碍之间的联系——尽管受害者们多年前就已经在通过讲述他们的故事来试图引起社会对这些问题的重视了。虽然受害者也可能遭受身体上的虐待，但自恋型虐待主要是心理上和情感上的虐待。由于这些施虐者会使用非常隐蔽和阴险的方法来虐待他们的伴侣，因此他们往往能借由迷人的外部形象掩盖自己的残酷，从而逃脱责任。

受害者常常因为明明受到自恋型虐待却难以用言语来形容自己的遭遇而自责。一旦掌握了自恋型虐待的词汇表，受害者就拥有了疗愈所需的工具、洞察力和资源。学会这些"捕食者"的"语言"和技巧意味着我们能有更充分的准备去更好地识别出危险信号，脱离并切断与有毒之人的联系，更全面地关照自己，并对那些经常越界的人表达我们的立场。

这些病态的人每天都带着虚假的面具潜伏在我们中间。他们可以把自己伪装得毫无破绽，从表面上根本看不出任何异常，所以很少有人能识破他们的真面目。他们有男有女，有着不同的背景和社会经济地位。通常，他们是迷人的、魅力十足的、绝对的派对主角，能够毫不费力地把受害者追到手并骗过所有人。在你的一生中，你很有可能与患有自恋型人格障碍或反社会型人格障碍的个体打过交道——他们可能是你的家人、朋友、约会对象，或公司同事——即使你当时并不知情。

掌握他们的情绪语言即要意识到他们的残忍不仅是显性的，也可以是隐性的。你可以从他们的面部表情、手势、语调的细微差别中观察到这种根深蒂固的隐性攻击倾向，而且他们常常言行不一、自相矛盾，最重要的一点是，他们的残忍完全是故意的，目的是掌控并最终摧毁受害者。

他们对受害者的心理和情感操纵都极具破坏性和危险性——神经学家和心理学家们已经注意到，情感创伤和身体创伤对大脑的影响可能存在重叠之处。换句话说，如果个体遭受了情感上的痛苦，大脑中处理身体疼痛的区域也可能会被激活，而且极端的情感创伤可能导致个体出现类似于情感创伤性脑损伤的情况。受害者在言语和情感上受到虐待时的感觉与腹部受到重击时的感觉相似，不仅如此，自恋型虐待可能会对受害者的身心健康造成持久的严重伤害，甚至会导致创伤后应激障碍或复杂性创伤后应激障碍的症状。

这些类型的施虐者精通操纵，而且深谙虐待、控制和暴怒之道。他们会故意折磨你，或者更准确地说是用"千刀万剐"的手段来对付你——这个过程既可以是缓慢而阴险的，也可以是迅疾而恶毒的。这就像是对你实行心理和情感上的强暴——这是一种对受害者的个人界限和信赖关系的玷污与侵犯。

自恋型施虐者会让受害者产生一种虚假的安全感，进而放下戒备，这样他们就可以在任何时候攻击你。只要他们觉得自己受到了威胁，或者当他们需要以你的情感反应来取乐时，他们就会使用讽刺、说风凉话、辱骂和指责等手段来攻击你。

他们也可能会通过对你实施非语言形式的霸凌来让你向他们臣服，比如用侮辱性的假笑来膈应你，一边对你冷眼相待一边说爱你，对你摆出一副不耐烦、生闷气的姿态，或肆无忌惮地笑话你。有不少受害者注意到，这些"掠食动物"在第一次见面时，经常会与你有强烈的目光接触；进入贬低和抛弃阶段时，他们会用一种"死气沉沉"的眼神表达自己对你的漠视；欺骗你时，他们脸上会挂着自恋的假笑；在讽刺、贬低你的时候，他们带着轻蔑的神情大声嘲笑你。

自恋者经常会在关系的理想化阶段收集关于你的以下3个关键信息，以便日后在贬低和丢弃阶段有的放矢地对你展开攻击。

（1）你向自恋者吐露的**缺陷、缺点、不安和秘密**。如果你在关系的早期就跟对方倾吐了自己的创伤、困扰和触发点，自恋型施虐者会感到很庆幸。这样一来，他们就更容易突破你的心理防线，掌握你的思想。在甜蜜轰炸期间，你可能会格外信赖自恋者，以至于你会敞开心扉与他们分享一切：你的过去、你的伤痛、你自己眼里的缺欠之处。

你可能会觉得向对方展露自己的脆弱是亲密的表现，也是与伴侣建立默契和联结的一种方式，然而，一个自恋型施虐者只会将你视为自动送到嘴边的"肥肉"。一开始你向他们吐露这些时，他们会假装支持你、与你共情，但进入贬低阶段后，他们就会用这些来刺激你、作践你、贬低你。

虽然有些自恋者会公开地贬低你，但隐性自恋者会一边装作无辜或关心的样子，一边羞辱你。他们会貌似天真地试图确认你的能力、技艺和创意水平，然后摆出一副冥思苦想的模样暗中质疑你。对他们来说，任何能表明你的优秀的证据都是武断的，他们会想方设法地从你告诉他们的或他们观察到的东西里扒拉出所有微小的线索，甚至是毫不相关的信息，以便用来打压你和搞垮你。他们无法忍受你在任何方面占得上风或取得成功，因为在他们的世界里，只有他们自己才有资格赢。

请记住：自恋者行事不择手段，毫无底线。如果你让自恋者知道了你在为自己的体重苦恼，对方就一定会在贬低阶段明里暗里地羞辱你的体型；如果你向自恋者透露过自己的创伤经历，比如有过被性侵的遭遇，隔不了多久他们就会专挑些糟践人的话羞辱你。他们会因为你再次受到精神创伤而兴奋不已，只用一句话就能把你拉回最初的创伤中的这个事实，能让他们获得一种强大的力量感。他们终其一生都靠着这种力量感过活，因为这是他们可悲又空虚的人生中唯一的力量来源。

对于自恋者来说，你对他们袒露自己任何的伤口都是在邀请他们往深处补刀，而自恋者也确实能够而且总是会刺得比第一次更深。

针对自恋者的测试

如果你想在完全投入一段感情之前测试某人是否具有任何潜在"毒性"，不妨先假装告诉他们一些貌似对你很重要的事情，而实际上，这只是考验对方。告诉他们一些无关紧要的事情——你小小的恐惧、些微的不安或稍稍有些感到失望的经历——然后看看他们以后是否会用它们来对付你，是否会将这些用于贬低、侮辱、诋毁你，对你进行煤气灯操控，或伪装成玩笑话对你进行言语攻击。心理正常、有同理心的人会尊重你告诉他们的私隐，恶性自恋者或心理变态者则会利用他们从你这儿知道的一切事情来对付你，包括你的种种不安和最深处的那些创伤。

（2）**你的优点和成就，尤其是其中令他们疯狂嫉妒的那些。**刚开始将你捧上高台时，他们对你的优点和成就怎么夸都嫌不够。他们在家人和朋友面前对你赞不绝口，四处炫耀

你，把你当作自己的战利品，对你爱不释手，就像是与你交往让他们很顺理成章地感到与有荣焉，进而获得高人一等的优越感一样。这更加使他们错信自己是个能得到你这样优秀的人的青睐的正常人。

在贬低阶段，自恋者会把你的优点扭曲为他们认为的缺点。比如曾经你是"自信而性感的"，但现在你是"自大而虚荣的"（当然，这是他们对自我形象的精准投射）；以前你"聪明且上进"，而现在你只是个"卖弄学识"或"自作聪明"的人。

自恋者对你进行煤气灯操控，让你误以为自己没什么实际的价值，同时把他们自己的自卑感投射到你身上。他们会贬低、最小化，甚至刻意忽视你的成就，表现得好像如今你的成就对他们而言毫无意义，对这个世界也没什么重要性或价值；他们会通过各种谎言对你进行洗脑，反复给你灌输你能力不足、缺乏才干的念头；他们会声称自己在某方面比你更擅长，但同时又在剽窃你的想法；他们会嘲弄你，让你相信你连最简单的任务都做不好，即使事实是你在专业和个人方面的能力都高了他们不止一两头；他们会威胁要毁掉你的名誉，而且他们经常会坏你的大事并摧毁你所拥有的支持网络，试图让你陷入孤立无援的境地；他们会指摘你的梦想、你的抱负、你的信仰、你的个性、你的目标、你的职业、你的才华、你的外表、你的生活方式——同时夸赞他们自己的。

他们话风的突变是有杀伤性的，这会让人在被恶毒的评价打得措手不及的同时感到震惊和受伤。他们会把曾经赞美的一切逐一地扭曲成弱点，这是因为他们无法忍受你在某些事情上胜出并且比他们做得更好。对他们来说，事事都仿佛一场比赛，一场他们必须不惜一切代价赢得的比赛。他们试图全方位地摧毁你，以便向你植入自我破坏程序，让你摧毁自己——与此同时，他们一脸轻松地坐在一旁看着你曾为之努力的一切付诸东流。

（3）**你有心取悦他们，而他们贪得无厌。**自恋者早在理想化阶段就开始培养你对他们的认可的需求。他们通过条件反射操纵你，每次都用自己独创的一套话术把你夸得天花乱坠，让你对此上瘾，从而习惯性地向他们寻求这种只能从他们那里得到的过度赞美。现在，他们在贬低你时，就会利用你对认可的需求来占得上风，频频上演爱情逃兵的戏码，一有机会就会表现得好像在生你的闷气，还会因为你没能达到他们荒谬的评判标准就将你所有满怀爱意的付出贬得一文不值。他们会对你所做的一切事情吹毛求疵，要你满足他们高到离谱的期待值，事实上，即使是自己做错事，他们也会将其归咎于你。

当受害者试图更加努力地去达到自恋者设下的、根本无从达成的标准时，自恋者会从旁作梗，通过栽赃嫁祸、闷声不吭的被动攻击和自导自演的自恋暴怒来分散并耗尽受害者的精力，使受害者试图满足他们期待的努力以失败告终。因此，受害者会遭到言语攻击、指责，并被拿来和其他人进行毫无公平可言的比较。而所有这一切都会为受害者植入一种弥漫性的无价值感和自己永远不够好的念头。

这些是自恋型施虐者用来转移视线以避免为其行为担责，并暗中贬低你的策略。施虐者会不断变更自己的要求标准，以确保你永远无法满足他们本就高不可攀的要求和期望；他们也会不断歪曲你的见解，然后在一边看你的笑话；他们还会从情感上打击你，不断贬低你的经历、你的观点和你的目标。

自恋者翻译机

尽管受害者论坛中的大部分内容都是关于自恋者如何将我们拖入深渊的故事，但除此之外，跟受害者在一起还有许多其他既有意思又能纾解情绪的交流方式。我在各种受害者论坛中经历过的最奇妙的事情之一是参加了一个小组讨论，里面有人发起了一个挑战，邀请我们把自恋者常挂在嘴边的话"翻译"成他们的潜台词。

"你是我的灵魂伴侣。"

翻译：你是我新的供给源，对你进行甜蜜轰炸是把你追到手的第一步。

"她/他只是普通朋友。"

翻译：你是我的主要供给，但为了性、钱、居所、赞赏或其他可能会需要的任何东西，我得把这个人留在身边。我也喜欢用我的这个"朋友"来对你进行三角化，两个人同时为我争风吃醋的感觉真是棒极了。

"我的前任从来不会有那样的反应。"

翻译：我的前任确实有过那样的反应，这就是为什么他/她现在是我的前任。

我喜欢对你进行煤气灯操控，使你感觉自己对我的虐待产生的正常反应不是正常人该有的，尽管之前我所有的其他受害者也跟你有同样的反应。这能让我不必为自己卑劣的行为担责，并有一个额外的好处，那就是对你进行三角化，让你感到自己没什么吸引力。

"你太'戏精'（敏感、夸张）了。"

翻译：我需要用煤气灯操控让你觉得你的反应是不正常的，这样我就可以不用听你说更多的废话了。事实是，我是那种很"戏精"的人，喜欢在每次谈话中挑起混乱；我对批评也非常敏感，并且我对任何威胁到我的特权感的行为的反应都很夸张；我在投射方面也很有天赋——你怎么猜到的？

"你比我前任好太多了。他／她简直就是个疯子。"

翻译：事实是，我是个病态的人，但我不想让你认为分手是我的错。

很快，你也会被贴上疯子的标签。

"让我们冷静一下，先别联系了。"

翻译：我需要时间来寻找新的供给源和乱搞，从而让你产生危机感，渴望得到我更多的关注。而且，我也需要稍微恢复一下精力。假装一个有同理心的人真的让我筋疲力尽。

"我受够了！"

翻译：真说起来，我永远也不会觉得够，即使时隔多年，我仍然可能会追踪你并对你进行回吸，但我已经受够了你试图揭示我的残忍行为并让我为自己的行为担责的谈话。我根本没有时间或同理心来对此负责。相反，我宁愿用筑墙来冷落你，尽可能地无视你的感受，让你觉得自己无关紧要。

"我们只是太不一样了。"

翻译：我没有同理心而你有，我们真的不一样，但我想把它最小化，表现得好像这是我们性格差异太大的问题，而不是我的病态问题。真相是，像我这样的施虐者与任何心理健康的人都合不来。事实上，我和任何人相处都有问题。

"你很没有幽默感（你把我的笑话当真了、这只是个玩笑）！"

翻译：我实际上有一种扭曲的幽默感，因为我只是用玩笑来掩饰自己的残酷刻薄，以免被追究责任。如果你没听懂这个笑话，那可能是因为你认出了它的本质—— 一种隐蔽的贬低。

"我很抱歉让你有这种感觉。"

翻译：我厌倦了争执，所以我会假装悔恨以迅速结束谈话并把精力放到更重要的事情上，比如要怎样操控你来满足我的需求。另外，问题不在于我的虐待行为，而在于你是一个能感受到真实情绪的正常人，还对我的虐待做出了反应，你可真大胆!

"我再也不会这么做了。"

翻译：我肯定会故技重施，但也许我会尝试选择不同的风格、语调或用词，以保持这样做的趣味性，同时让你难以看穿我的意图。我喜欢换着花样地折腾人。另外，这个假意的承诺会让你暂时放我一马并继续这段关系。

"我可真是个好男人（女孩）。"

翻译：如果我真是这么好的一个人，还用经常通过言语而不是行动来说服你吗？多半是不需要的。

"我们还是做朋友吧。"

翻译：①尽管我们对彼此倾注了大量的感情，但我得调低你的期待值，这样当找到新的供给源时，我就可以轻易地甩开你。②你已经和我分手了，或者我已经抛弃了你，但我仍然想把你拴在身边，利用你对我的新供给源进行三角化，并让你经历比上次更加恶劣的抛弃。想试试吗？

"哦，你真是够了。"

翻译：哦，你这个人实在是过于真情实感，也太有同理心了……这让我感到难以招架。

"别再自作聪明了。"

翻译：我知道你聪慧过人且说得很对，所以为了保护我脆弱的优越感，我要假装你只是个卖弄知识的讨厌鬼。

"你还真把自己当个性感尤物了。"

翻译：我知道你很火辣，但你在这件事上的自信让我没有安全感。我宁愿你感觉自己很糟糕，这样你就不会出去寻找更好的对象。另外，我喜欢把自己的傲慢投射到你身上。

"没人在意你（你做了什么、你取得了什么成就）。"

翻译：有太多人在乎你，而这是个大问题，因此我需要将你与你的支持网络以及任何能给予你价值感的人隔离开来。另外，你的成就唤起了我病态的嫉妒心，我不会让你以任何方式超过我。

"你是自恋狂（你有虐待倾向、你本来就不对劲，活该被虐待）。"

翻译：*我才真的是个自恋者，但我想让你感到你和我一样"有毒"。让你相信你有毛病更方便我对你进行煤气灯操控，使你怀疑我对你的虐待的真实性，并得以让我把自己的恶性特质投射到你身上。来，把我的病态拿去吧，我不想要了。此外，你的不对劲源于别人曾对你造成过伤害——不必在意我病入膏肓且心态异常的事实，因为我会通过故意伤害别人来让自己感觉更好。*

应对自恋型虐待的"必备词典"

当你在对自己所遭受的虐待进行消化时，熟悉一下这些术语可能会有所助益——其中许多在前文已经有所提及，但我觉得单独列一份清单出来会更有帮助，而你也能更快地找到需要参考的内容。施虐者通过强词夺理来操纵和控制我们，按照自己的计划对现实进行改写，贬低我们的优点和成就。我们早该建立这个词汇和语言库了，以便"受害者"能够识别和破解他们的手段，以及去除这些手段造成的负面影响。

由于如今在心理健康社群中，我们能接受的有关这类虐待的科普教育还有待完善，对这些手段进行更深入的了解可以使你更容易识别你正在遭受的虐待，避免在不经意间淡化或否认它。对于任何正在阅读这本书的咨询师或心理健康专业人士以及生活教练而言，我相信你们对这些术语已经比较熟悉了，如果遇见了经历过这类虐待的来访者，希望你们能用好这些术语。

浸润式虐待　由隐性虐待衍生出的恐惧、焦虑和自我怀疑的氛围。萨姆·瓦克宁写道："浸润式虐待会营造出一种使人战战兢兢、如履薄冰的氛围。"在浸润式虐待中很难观察到显性虐待的迹象。

虐待健忘症　受害者在长期受到虐待后有压抑被虐记忆的倾向。受害者与施虐者之间轰轰烈烈的共同经历导致了创伤性联结的产生，再加上由于受害者已经在关系中投入了大量感情，所以可能会压抑自己在关系中所遭受的创伤，甚至对施虐者表现出积极的态度。

认知失调　个体被两种相互冲突的信念拉扯，从而陷入一种痛苦、煎熬的精神状态。要化解这种内部冲突，个体必须找到理由证明其中一种信念相对于另一种信念的正确性。受害者与施虐者结识后，他们在关系的早期阶段看到的通常都是施虐者迷人的、充满爱意的假面。当施虐者最终揭开自己的面具，露出他们真正的丑恶面目时，受害者往往会试图调和眼前这个可怕的施虐者与他们在最开始遇到的那个甜蜜、温柔和看似富有同情心的人之间的巨大反差。这可能会导致他们对这种虐待进行否认或最小化，从而让残酷的现实变得更加容易接受，并化解自己的认知失调。

条件反射　当把一个已经能唤起某个反应的刺激与一个中性刺激通过配对关联起来，就能引起一种条件反应。在巴甫洛夫的实验中，他通过条件反射让狗将铃声和食物关联了起来，使它们听到铃声就会流口水。在虐待型关系中，施虐者利用条件反射，根据自己的好恶，通过奖励和惩罚强化或消除受害者的某种行为。

施虐者看不惯你成功？每当你即将在某件事情上大功告成的时候，他们就会把你成功的瞬间和虐待事件关联起来，开始忽视你、对你进行口头侮辱或者情感上的暴虐攻击。施虐者不想让你和其他朋友一起玩？他们会在你出去之前或者在一场大型活动之前挑起激烈的争论。很快，你就开始不再和朋友们见面，以避免被施虐者嫉妒，并防止对方的虐待和对你的成就的贬低。

施虐者也会在整个虐待循环中利用条件反射让我们将虐待事件与充满爱意的温馨时刻关联起来——所以即使在被虐待之后，我们还是会对那些温馨时刻抱有期待，希望最终能再次获得对方的爱和疼惜。随着时间的推移，我们渐渐对此习以为常，以至于在意识到之前，我们就已经置身于一场正在进行的、大型的巴甫洛夫实验，并建立了"痛苦－快乐"

的条件反射。

贬低 在甜蜜轰炸之后，施虐者已经充分地将自己编织的海市蜃楼般的完美爱情理念植入了你的头脑。时机成熟后，他们就会时不时通过在情感上，甚至是身体上对你进行贬低来试探性地展露更多的真实自我。贬低阶段将从一个"测试期"开始，施虐者将以此判断哪种类型的批判性言论和诋毁行为是你不会追究到底的。然后，随着时间的推移，虐待事件会逐渐升级，因为施虐者在不断测试和冲击你的个人界限，以便试探出他们最高可以对你进行哪种级别的虐待。

抛弃 这是离开或者（表面上离开）受害者的最后一步行动，通常以最恶劣的、侮辱性的、有损人格尊严的方式上演，以此向受害者灌输一种无孔不入的无价值感和一种永生难忘的感觉。尽管受害者早已在虐待关系中习惯了被残忍对待，但这是施虐者最后虐待受害者的机会，他们会极尽所能，在最短的时间内用最恶毒的手段抛弃受害者，这样受害者就永远无法忘记他们，并且难以从他们制造的伤害中恢复过来。

施虐者可能会一言不发地消失，也可能出轨，还可能用爆发式的愤怒或暴虐来摧残受害者，或愉快地投入与下一个受害者的恋情中，同时继续贬低你这位前任。他们有很多将受害者当作垃圾一样抛弃的手段，同时无视受害者曾为他们付出过的一切。这种抛弃常常让受害者心灵受创，以至于感到自己怎么也走不出来，并且在日后很容易受到施虐者回吸的影响。

煤气灯操控　施虐者用来否认或最小化虐待事件的一种手段，其中包括否认自己说过的话或做过的事情。煤气灯操控没有时间限制——从 5 分钟前说的话到 5 年前说过的话，他们都可能会不认账。他们也可能通过其他方式操纵你对现实的感知，比如把你的财物故意放错地方、把它藏起来或者偷走，或者假装某个东西在某个特定的位置，而实际上这个东西根本不在那儿等。

后援会　施虐者经常会集结一群人在他们周围支持他们，并给他们提供自恋供给，这就是我们所说的自恋者的后援会。后援会成员只看到施虐者虚假的、外在的面具，并且经常驳斥、否认和最小化任何有关施虐者存在虐待行为的说法。当施虐者决定开始贬低受害者并对受害者进行抹黑时，后援会就成了为他们提供支持和证词的来源，从而使施虐者道貌岸然的正面形象得以维系。

由于后援会成员通常只看到施虐者的假面具，因此很容易受其蛊惑进而相信受害者才是真正病态的那个，与此同时，施虐者则能够逃脱虐待他人责任。后援会里可能既有支持者，也有其他跟自恋者存在暧昧关系的供给源——这类人可能会被用来对受害者进行三角化。因为后援会成员生活在施虐者为他们构建和制造的虚假现实中，所以当受害者试图敞开心扉谈论自己遭受的虐待时，他们往往会疏远受害者，无视受害者的真实现状，并对他们的公开揭露进行嘲讽。

回吸　为了把以前的受害者拖回关系的创伤中，施虐者很可能会主动联系对方，尤其如果当时是受害者先离开了他们或者得知受害者已经开始了新生活，这就是我们所说的回吸。"回吸"一词的来源是胡佛（Hoover）牌真空吸尘器，用来描述像施虐者这样的"掠食动物"将受害者吸回虐待循环中的过程。在被吸回去之后，受害者往往会遭受比前一次更折磨人的抛弃。受害者需要明白且很重要的一点是，回吸并不意味着对方的爱一如既往，或对方放不下这段感情，抑或为自己的所作所为感到懊悔。回吸完全就只跟施虐者与受害者之间的权力动态有关。它能强化施虐者内在的施虐狂式的控制感和权力欲，让施虐者感到心满意足——在追求新的供给源的同时，他们仍然可以随时按需回到旧的供给源身边。

间歇强化　这是施虐者用来控制受害者的条件反射的一部分，涉及虐待事件与甜蜜轰炸二者的交替穿插。施虐者通过间歇强化对受害者施加越来越多的虐待而不必担责，同时，他们也给予受害者零星的关注和温柔，让其继续心怀希望。我们将在第二章中深入探讨这种手段。

甜蜜轰炸、顺毛、理想化　在关系的早期阶段，施虐者会对受害者进行甜蜜轰炸和顺毛，使受害者信任他们，并与他们建立情感、身体和心理上的深层联结。施虐者往往会用大量的奉承、礼物、过度的关注、高质量的性爱和拉锯战式的活动——如一周 7 天，每天 24 小时不间断地发信息或一直黏在一起——在短期内将受害者卷入这段充满张力的感情关系中。

自恋损伤、自恋暴怒　施虐者对任何威胁到他们优越感的怠慢或批评都非常敏感，这会导致我们所说的自恋损伤和自恋暴怒。在这种情况下，施虐者会对知觉到的威胁来源发起猛烈进攻，以保护自己的优越感和特权感。提醒你一下，任何被施虐者认定的威胁都会让你成为自恋暴怒的打击对象，哪怕只是一句无伤大雅的善意的评论。

自恋供给　施虐者从与他们建立了关系或有交往的个体那里获得的任意形式的赞扬、钦佩、情感关注或物质资源。萨姆·瓦克宁划分出了两种供给：主要供给和次要供给。这两种供给都是满足自恋者日常需求的、安全而稳定的供给源。

投射　施虐者通过这种操纵手段，让你误认为自己具有他们身上的某种特定品质、特质和动机。为了避免因为自己身上的负面特征受到指责，施虐者会把他们的病态倾向推脱到你身上，硬说你嫉妒心强、占有欲重、黏人、虚伪、有虐待或自恋倾向等，而事实上符合这些描述的正是他们自己。

飞猴[①]　施虐者招募的盟友，他们帮助施虐者传播关于你

---

① 飞猴：这一概念来自《绿野仙踪》，影片中坏女巫利用飞来飞去的猴子做坏事。此处指 NPD 患者培养的同盟。

的谣言，贬损你的人品，并打探你的私人信息。这些人都是施虐者的后援会成员，但也可能有你自己的支持网络中的前成员，他们都已经被施虐者成功蛊惑并策反了。

抹黑行动 在飞猴的帮助下，进入贬低阶段时，施虐者会开始在你背后说坏话。他们会诋毁你的人品、声誉，破坏你与他人的关系，并常常散布关于你的谣言，将自己的虐待行为投射到你身上。他们可能会，也可能不会明确地威胁要抹黑你，所以你要格外小心——即使对方从未威胁过要这样做，他们仍然会这样做，以阻碍你在被虐待后获得支持网络。

施虐者的后援会和受害者的支持网络都可能会受到抹黑行动的误导。这样一来，受害者无疑是输定了，而且如果受害者在被抛弃后仍然选择说出被虐待的事情，就可能被大家看成是一个有毛病的人。施虐者经常假装关心受害者，或者在进行抹黑行动时表现得像受害者一样。抹黑行动在抛弃阶段之后会进入高潮，因为施虐者想要趁热打铁地对受害者不配与自己谈恋爱的错误信念进行强化。

筑墙 使用这种虐待手段，施虐者甚至在沟通开始之前就切断了沟通的一切渠道，用沉默来打发受害者。施虐者的回避既体现在情感上，也体现在身体上。我所见过的最极端的筑墙案例是，每当受害者提起他们关系中的问题时，施虐者就会打电话报警。最常见的一种情况是，施虐者会在受害者提出问题时用沉默来拒绝受害者的沟通请求，或是用自恋暴怒来让受害者因为害怕而不敢表达自己的感受。

　　大多数情况下，施虐者的筑墙行为都是刻意的。他们很清楚自己需要在什么时候进行自我防御，以抵挡他们眼中的对自己的特权感和虚假优越感的攻击。他们觉得有必要惩罚受害者，即使对方只是单纯地要求谈一谈被他们否认的情绪。他们会为成功阻止了一场谈话，逃过了受害者对自己行为的指责而感到满足，并重新获得控制感，与此同时他们也会确保让受害者因为一开始质疑自己而感到内疚。

　　需要注意的一个重要区别是，受害者对施虐者展开的断联行动，以及在虐待事件后对施虐者的回避行为与"筑墙"的性质是不同的。准确地说，避开施虐者是一种自我保护和自我关照的形式，而筑墙的目的是故意让受害者感到卑微、被无视，这样施虐者就可以逃避责任。从受害者的角度来看，之所以会产生这种回避的情绪反应，是因为被人虐待，而不是因为想要去虐待别人。对于身边那些有虐待倾向、爱挑事或在其他方面吹毛求疵的个体，每个人的应对机制都不同。再次重申：断联不是筑墙，而是自我关照。

第二章

大脑与自恋型虐待

大脑与创伤

在有关家庭暴力和情感虐待的公开讨论中，创伤的影响被严重低估了。我已经数不清有多少次听到某个无知的人大放厥词，用一种居高临下的语气说，如果自己处于一段虐待关系中，会立刻分手离开。这样的话之后往往紧跟着的是对没有这样做的虐待关系的幸存者的一番鄙视。值得注意的是，这些高谈阔论的人往往正是那种从来没有经历过虐待关系，可能也从来没有读过任何一本关于创伤的书的人。这让已经挣扎在毒性羞耻感中的幸存者们雪上加霜——"大多数幸存者因为那些迫于生存压力或为了维系与施虐者的关系而做出的举动，在折磨人的羞耻感中煎熬"。

这也使得创伤幸存者陷入一种双重复合的受创体验：由

解离导致的情感麻木，以及拜社会规范所赐的强制性情感麻木。但是，无论如何，我们都必须"释怀"，然后"往前看"。创伤能够在我们的身体和头脑中延续终生，所以听见那些无知而自大的话对于一个创伤幸存者来说是极具破坏性和可能造成二次伤害的事情。任何人都不该拿自己的创伤去和别人的创伤"作比较"。每个人对于创伤及其后续影响的反应都是不同的，而每一种反应都是合情合理的。社会必须摒弃我们应该"克服"创伤的观念，因为这只会加剧情感麻木和压抑的影响，进而对我们的心灵、大脑和身体造成巨大的伤害。

持有受害者有罪论和羞辱受害者的人嘲笑幸存者心理脆弱的同时也暴露了他们对这群最需要共情的人们毫无同理心的事实。根据医学博士巴塞尔·范德考克（Bessel van der Kolk）的说法，创伤所引发的改变解释了为什么那些受到创伤的个体会经历足以扰乱他们生活的、某种形式的过度警觉和无法动弹，或者梅尔（Maeir）和塞利格曼（Seligman）所说的"习得性无助"。梅尔和塞利格曼对那些受到无法逃避的电击的狗的研究显示，当狗试图逃离一个会导致心理创伤的、看起来却避无可避的环境，却不断地受到打击和挫败时，就会形成一种习得性无助。研究的最后，这些狗放弃了，不再尝试逃跑，即使研究者最终为它们提供了一条出路。

研究者将它们与那些受到电击但能够采取行动逃离当前

环境的狗进行了比较——那些在试图逃跑时没有接连遭受挫败的狗在得到逃跑机会后会立刻付诸实际行动。

结果很明显：当主体身处一个创伤性的环境中，而任何行动都无法改变其所要经受的后果时，主体就可能完全放弃挣扎并屈服于自身的处境。彼得森（Peterson）和塞利格曼后来证明，这种习得性无助适用于身处其他形式的、逃无可逃的情境中的受害者。

习得性无助与虐待造成的麻痹以及创伤导致的大脑变化密切相关。如果我们不能通过"战斗"或"逃跑"来摆脱虐待情境，压力往往就会在我们的身体里淤积。情感上的痛苦让我们困顿难行、精疲力竭，无法从处于持续激活状态的应激激素系统的影响中逃离——即使真正的威胁已经结束很久，但它依然还在发射造成痛苦和压力的信号。

这就是为什么遭受心理和情感虐待的幸存者，特别是遭受自恋型虐待的幸存者，常常会感觉好像无法摆脱自身的处境——在无数次祈求施虐者改变的尝试受到重创，一次次被迫陷入施虐者一手造成的危险处境，并遭受情感和心理虐待事件的多重"电击"之后，幸存者所感知到的自主性与他们实际上的自主性便脱钩了。

持续处于"逃跑"模式的受创个体对周围环境会出现过度警觉的反应，这可能表现为社交焦虑及对任何可能造成创伤的事物的持续回避。这项研究也有助于阐明为什么遭受创伤的人往往会经历一种创伤复现循环（trauma repetition cycle）——经常重复破坏性的行为和关系模式的人，自主性已遭到破坏，对于成功逃离已经不抱希望。

巴塞尔·范德考克博士在著作《身体从未忘记》（*The Body Keeps the Score*）中说，"我们现在已经知道，他们的行为不是道德缺失的结果，也不是缺乏意志力或品性不良的表现，而是由大脑的实际变化引起的"。

即使没有经受避无可避的电击，没有被囚禁或遭受最极端的肢体暴力，我们依然可能会产生无助感。

自恋型虐待的主要方式是针对个体的言语攻击和心理攻击，而它们对于个体的影响显然被大众低估了。正如我之前所提到的，人们没能理解的是，我们的身体经受痛苦时，大脑中相应的神经通路会被激活，而我们遭受的情感痛苦亦能激活同样的神经通路。跟躯体虐待类似，任何形式的言语攻击和社会排斥都同样会造成伤害。

根据娜奥米·L. 艾森伯格（Naomi L. Eisenberger）的研究，情感痛苦（如社会排斥所导致的痛苦）可以激活与身体痛苦相关的神经通路。在另一项由伊桑·克罗斯（Ethan Kross）主导的研究中，疼痛测试显示，回想分手时的痛苦可以重新激活高温造成身体不适时所激活的大脑区域，而心碎会导致肾上腺素激增。这说明我们在面对情感威胁时，会做出与在面临身体威胁时类似的反应——血压升高、呼吸加速，并且由于应激激素的增加而引起一系列躯体症状。经历过躯体和精神虐待的幸存者会知道，无论哪一种都可能产生长期的影响，毫无疑问的是，这两种虐待在许多虐待关系中是同时存在的。

创伤的影响当然不仅限于成人；事实上，它对儿童大脑的影响是最大的。对于那些小时候被自恋型家长虐待过的孩子来说，创伤会改变他们正在发育中的大脑的结构——小孩子的大脑极具可塑性，也尤其容易受到影响。马丁·泰歇尔（Martin Teicher）博士研究了 554 名年龄在 18~22 岁之间的年轻人，发现人在儿童时期所遭受的言语虐待会对大脑产生强大的影响，增加成年后出现"边缘性易怒"（limbic irritability）、解离、抑郁、焦虑、愤怒和敌意的风险。进一步的神经科学研究证实了父母的言语暴力实际上会导致儿童神经通路完整性的改变，特别是在白质束异常方面。

由一个自恋型家长抚养长大，我们的大脑可能会发生实质上的改变，使我们长成一个与受到创伤前的自己完全不同的人。可能受创伤影响的大脑区域包括海马体、杏仁核、胼胝体，以及额叶皮质。海马体和杏仁核是大脑中与记忆、情感和唤醒有关的关键区域，额叶皮质是我们大脑中的"计划"与认知中心，胼胝体则负责大脑两个半球之间的沟通与整合。此外，创伤会导致与应激反应有关的关键神经系统的改变，例如 HPA 轴的长期激活，会对身体器官造成耗损，导致儿童的海马体和边缘系统出现异常。

如此一来，无怪乎当受到虐待时——无论是哪种形式的虐待——我们在计划、记忆和情绪调节方面都会出现困难。这是因为创伤所致的应激反应对我们的大脑造成了实质上的损伤，而且我们大脑的理性方面和情感方面之间的联系也已经遭到了破坏。你是否曾经因为创伤而做出现在看来并不理性的行为。但是在那个当口，在你所体验到的情感和身体感觉的作用下，那些行为似乎是完全合理的。现在你知道为什么了——大脑中发生的改变足以让任何人在决策过程中受到干扰。

指责受害者的人没有意识到，一个人选择回到虐待关系的创伤中，并不是他们大脑的理性部分对创伤做出的反应，而是他们的边缘脑和爬虫脑（reptilian brain）——大脑中储存和处理情绪的部分在做决定。当个体处于创伤之中或反复回顾创伤，以及对任何与经历过的创伤类似的事物、人物等保持高度警惕时，这些部分便会在大脑中占领主导地位。

这就是为什么我们容易对创伤或创伤回忆产生内部脏器和躯体层面的反应。例如，当我出现情绪闪回，想到施虐者所说的某些话时，我的胃部就会有紧缩感，胸口也会出现一种不舒服的紧张感——我因为他们的那些话感受到了"身体层面"的伤害。这种时候，我倾向于停下手上正在做的事情（因为无论我在做什么都会被它干扰），然后不断地通过"翻转话术"（reverse discourse）打断这些思想，来对自己进行重新定向，我将在第三章中讲述这种方法。

下面有一些关于创伤的事实，这些事实有助于理解为什么受害者会回到虐待关系里去，以及为什么他们没办法轻易地放下。

- 我们有三个"脑"。新皮质是大脑的理性部分，也是最晚进化出来的部分；爬虫脑是大脑最古老和最底层的部分；边缘脑或者说边缘系统（limbic system）是大脑的中心，它是我们大脑最深处的情感所在的部分。我们对虐待和创伤的反应是由大脑的边缘脑和爬虫脑这两部分驱动的，而非大脑皮质。

- 即时接收到创伤并启动大脑预警系统的正是边缘系统。杏仁核负责处理情绪，当我们受到创伤时，它往往会变得过度活跃，而我们处理学习、记忆和决策的内侧前额叶皮质和海马体在面对创伤时，则往往会因受到抑制而变得迟钝。

- 创伤在我们的大脑中往往会保持"冷冻"状态。根据特蕾莎·伯克（Theresa Burke）博士的说法，创伤性记忆常常保存在大脑非语言的皮质下区域，如杏仁核、丘脑、海马体、下丘脑和脑干——这些都是额叶鞭长莫及的区域。事实上，创伤会"关闭"与大脑额叶相关的执行功能，而它正是我们大脑中负责推理和逻辑的部分，能够帮助我们集中注意力、管理时间、转换视角、计划和组织、记忆细节，并根据经验执行任务。

因此，这意味着无论是哪种形式的创伤都会导致幸存者面临集中注意力的能力和任务执行能力受到影响的困境。因为大部分创伤可能仍然"冻结"在大脑中处理记忆和情绪的部分里，所以受过创伤的人可能会出现记忆力衰退，以及在计划和组织方面的判断力下降的情况。

● 那些认为受过虐待的幸存者们可以简单地"用逻辑"处理自身情况，并轻松摆脱和克服困境的人，请三思。幸存者大脑中处理计划、认知、学习和决策的部分与我们大脑中处理情感的部分之间的联系断开了——当一个人受到创伤时，它们之间的交流可能就会中断。因此，要从创伤中开始恢复，幸存者通常需要用大量的努力、资源、能量和肯定去全方位地消化和处理身体与精神所受到的伤害，来让自己得到充分的赋能。

● 无论时隔多少年，当创伤幸存者遇到让会他们想起创伤的刺激时，杏仁核（我们边缘系统的一部分）出现的反应都与他们当年经历创伤事件时一模一样。应激激素被释放，身体进入"战斗或逃跑"模式——个体又一遍的痛苦经历将引发身体的感觉过载及冲动和攻击性的行为。

- 这些创伤性闪回导致大脑的布罗卡区（语言中枢）受到影响，使创伤受害者无法用语言表达创伤。它还会削弱额叶皮质的功能，使他们难以区分虚假威胁和真实威胁。

- 当创伤受害者回忆创伤性记忆时，左额叶皮质"断电"的地方往往更多，而右脑半球的区域，特别是杏仁核的区域，则可能会变得过度活跃。由于左脑半球与思考和理性规划有关，而右脑半球则负责收集感官信息，比如视觉记忆和与之相关的情绪，因此在激活右脑半球的同时屏蔽左脑半球便会阻断两者之间的联系。这就导致了连受害者自己都难以理解的、七断八续的剧情。

- 大脑中负责思维与逻辑的部分与创伤的具象记忆失联了，难怪我们的身体和大脑都会因为情感和视觉上的闪回而惴惴不安——面对创伤时，我们无法将自己的这两个部分整合起来。

这就是为什么尝试不同的治疗方式——比如我们将在第三章讨论的艺术疗法，对于患有创伤后应激障碍的患者非常有帮助——因为这使他们能够通过非语言的方式来表达和疏导创伤。这也是为什么进行冥想和正念练习也能够帮助到创伤幸存者，因为冥想可以使他们留意自己的生理反应，放慢速度，深呼吸，评估自己目前面临的威胁是真是假。对于大脑而言，威胁也许显得很真实，因为我们确实"倒退"回了最初的创伤状态，但正念让我们能够对此做出积极主动而非冒进冲动的反应。

- 这种整合的缺乏进一步导致了更严重的后果，即所谓的解离现象。它是大脑的一种巧妙的防御机制，能够为我们抵御创伤。比如，在重大创伤中，大脑可以主动从创伤中"剥离"信息，使它更容易被消化。不过，即使没有创伤性事件，大脑也可能会发生轻微的解离现象，比如我们在做自己习以为常的任务或者在做白日梦的时候，突然失去了对时间的感知。

- 解离会使我们与自己的记忆、身份和情感脱节，便于将创伤分解为更易消化的成分，但是这样一来，不同方面的创伤就会储存在我们大脑的不同区域导致来自创伤的信息变得杂乱无章。我们无法将这些片段整合成连贯的情节，因而无法对创伤进行彻底处理——直到我们在一个善于肯定的、了解创伤的咨询师的帮助下，找到最契合我们的、最适宜的疗法，我们才能在一个安全的空间里直面创伤及其触发因素。

当谈到为什么幸存者当初要进入或受到创伤后仍要维系一段虐待关系时，打消人们脑海中的那些责备和羞辱受害者的想法，理解创伤和创伤后应激障碍的影响及习得性无助模型是至关重要的。幸存者的苦衷远比我们想象的要复杂得多，他们的行为与其说是自身的性格、智商和能力决定的，不如说更多的是受到了创伤的影响。事实上，正如你将在下一节中所了解到的那样，我们的大脑与创伤的交互模式在幸存者为什么会和施虐者建立起创伤性的，甚至是生物化学性的联结方面有着举足轻重的作用。

对自恋者"上瘾"的生物机制

即使长期深受虐待关系的荼毒以至于身心俱损、情智皆伤，许多自恋型虐待的幸存者依然上瘾一般迷恋施虐者——就连他们自己对此也感到难以理解。不用怀疑，从虐待关系中恢复，确实跟戒断药物成瘾的过程非常相像，因为我们可能已经与自己那有毒的伴侣建立起了生物化学层面上的联结。

作为一名研究人员、学者和幸存者，我也曾就如何与自己那虐待成性的伴侣"断联"指导过其他幸存者，我知道这个问题的答案比表面看上去要复杂得多，要解决的不只是外显的非理性的行为而已。虐待在幸存者和施虐者之间建立起了难以打破的复杂联结，同时也导致幸存者产生了大量的认知失调——他们会试图调和被对方虐待的残酷现实和自己在关系早期曾将其视为最好的知己和情人的事实。这种认知失调是一种防御机制，幸存者在应对自己正经历着的创伤时，往往是通过否认、最小化或合理化施虐行为来求得一线生机，而很少以看透并直接拆穿施虐者的真面目的方式来化解危机。

虐待循环的特性加剧了这种形式的虐待健忘（abuse amnesia）。虐待通常是慢性且阴毒的，随着时间的推移，渐渐从微小的不轨——与冒犯发展到肆无忌惮的踩躏践踏在，逐渐演变为一个可怕的循环——理想化、贬低，以及最终的抛弃——幸存者不仅已经适应并习惯了这种循环，而且因为和施虐者之间形成的"创伤性联结"的作用力，还会在无意中对此上瘾。

为了弄明白幸存者为什么会产生一种麻痹感而难以脱离虐待关系，我开始从研究中汇集我自己作为幸存者在一开始寻找相关信息时曾经希望拥有的那些知识和智慧。我并不认同虐待幸存者被贴上的那些"软弱可欺"和"感情用事"的污名化标签，因为在我的实践中，很多来找我做咨询的幸存者都是非常聪明、成功和具有内省力的人。我所知道的是，无论幸存者有着怎样的智慧、身份和地位，虐待关系的某些特性都会使其产生一种复杂的、心理上的，甚至是生理上的反应。

关于虐待幸存者和施虐者之间的生物化学联结方面的讨论来稀少。不过我们已经知道有关亲密关系的神经化学方面的影响——能够应用于这些跌宕起伏的感情里创伤性的大起大落的知识——着实令人大开眼界。我发现，一旦开始考虑要离开自恋狂、反社会者或心理变态这样的有害伴侣时，我们大脑就开始从生物化学层面唱反调了。

拜这些生物化学联结所赐，幸存者在"断联"这件事上反复挣扎，而且可能在疗愈这段关系的心理创伤之路上历经波折、多次重蹈覆辙。在这一章中，我想探讨我们大脑中的化学物质是如何将我们押上对有毒伴侣的成瘾之路的，其中某些生物化学联结同样也会使我们和非自恋型伴侣的分离过程变得艰难。

催产素

这种激素又被称为"拥抱激素"或"爱的激素"，在个体被抚摸、获得高潮和性交时释放，能够促进依恋、合作和信任。这种由下丘脑释放的激素也正是促成母亲和孩子建立起联结，促进个体做出亲社会行为的关键。研究发现，人们体内的催产素水平在恋爱的前 6 个月会较平时更高。在甜蜜轰炸和理想化阶段的镜映过程中，我们和自己那虐待成性的伴侣之间的联结之所以那么牢不可破，有可能就是这种激素在起作用。

分散在整个虐待循环中的积极的间歇强化行为（例如礼物、鲜花、赞美、性等）确保了我们即使在经历了虐待事件之后，仍然会释放催产素。

正如你在前面了解到的，间歇强化这个概念是由 B. F. 斯金纳（B. F. Skinner）提出的，他的研究表明，在老鼠通过按压杠杆来获取食物的实验情境下，如果奖赏是偶发的，而不是按杠杆即发放，老鼠的按压行为就会更稳定，也更持久。现实生活中最常见的类比就是，赌徒在老虎机前不停地玩，尽管他只有很小的概率会赢，而且损失可能远远大于实际的收益，但他们仍然无法停止。

也许并不是自恋者给的奖赏有多好，而是他们熟知如何玩弄人心。我发现，往往是生理、心理和情感因素共同作用，才导致我们对有毒伴侣上瘾。性只是他们重新获得控制权和招惹我们的一种方式，但肯定不是唯一的方式。这是一种反馈循环：自恋者造成的心理创伤塑造了我们与他们的性经历，而这些性经历又进一步加深了这种联结，反过来迫使我们继续投入于这段注定会让我们身心俱伤的关系。

当我们从情感或心理上对某人产生迷恋，他们对我们的性吸引力和化学反应也会随之变强——在理想化阶段，受害者之所以可以从自恋者处得到性满足，其实是因为他们从自恋者所给予的关注、赞扬和奉承中，感受到了高水平的情感上的安全感、信任、依恋和亲密感。

在贬低阶段，受害者被关系中创伤性的大起大落蛊惑，对不可预测性、恐惧，以及对理想化阶段再临的一丝希望所造成的肾上腺素激增形成了条件反射。临床社会工作者苏珊·安德森（Susan Anderson）指出，虐待型关系中的间歇强化包含一种来回拉扯的动力，这种动力是安全型关系所缺乏的，也是导致受害者对这种关系中的戏剧性和混乱上瘾的罪魁祸首。矛盾的是，与给予自己安全感的健康伴侣比起来，在有毒的关系中，个体实际上往往会觉得和病态的伴侣之间的羁绊更深，有更强联结——即便那是创伤性的。

在关系的贬低阶段所经历的情感饥荒往往会促使我们迷醉于每一次和好后的难得的温存。自恋或心理变态的伴侣眼里的性既是一种情感重置按钮，也是一种驯化策略，它会让我们渴望回到关系早期的理想化阶段，并继续向伴侣倾注感情，希望最后能修成正果，即使所有证据都指向相反的结果。

《操纵心理学：争夺人生的主导权》（*Who's Pulling Your Strings?: How to Break the Cycle of Manipulation and Regain Control of Your Life*）一书的作者哈丽雅特·布瑞克（Harriet Braiker）博士阐释了情感操纵者是如何运用间歇强化，并将其作为一种关键性的操纵策略的。在自恋型虐待中，双方的情感发展通常看上去是这样的：施虐者在关系中制造冲突，经常虐待受害者，但也会用偶尔的温柔来"奖励"受害者，以便坚定受害者将关系复位到最初的甜蜜轰炸阶段的决心。

克里斯汀·路易·德卡诺维尔（Christine Louis de Canonville）在关于"自恋受害者综合征"（Narcissistic Victim Syndrome）的讨论中，非常精辟地描述了在自恋型虐待中，间歇强化和认知失调的这些复杂动力是如何使虐待循环得以存续的。

与自恋型虐待者生活在同一个屋檐下的受害者，就如同活在一个水深火热的战区里，针对性的权力倾轧、心理控制……施虐者无所不用其极（恫吓，情感、身体、心理虐待，孤立，经济虐待，性虐待，胁迫等）。虐待的威胁无所不在，而且随着时间的推移，通常会变得更加暴力和频繁。自恋者营造出的这种控制型环境会让受害者陷入一种依赖状态。在这样的状态下，受害者所体验到的那种极端无助感，会让他们陷入恐慌和混乱。自恋者会创造出一种病态的关系，而受害者永远都不知道下一刻会发生什么（温善的举动和攻击性的狂怒交替出现）。

这种旷日持久的煎熬处境可能会触发受害者旧有的、关于童年时期的内部客体关系（依恋、分离和自性化）的负面脚本。为了在内部冲突中生存下来，受害者将不得不动用他们所有的内部资源和防御策略来管理自己关于崩解和被害的原始焦虑。为了生存，受害者必须找到减少认知失调的方法，他们采取的策略可能包括：欺骗自己让事情能够合理化；退行到幼年模式，与俘获他们的自恋者建立联结。大多数防御机制都是无意识的，所以受害者不会意识到自己在使用它们，他们一心只想从自己所处的疯狂乱局中幸存下来。

就像老虎机前的赌徒一样，受害者无可救药地沉迷于感知到的收益，无论这种收益多么微不足道；他们竭尽全力地应对已经完全向他们张开了罗网的危险环境只求生存，而在这样做的过程中，他们与施虐者之间建立起了创伤性联结。简而言之，受害者在施虐者刻意的调教下，条件反射式地为对方付出得越来越多，而得到的却越来越少。

我从许多幸存者那里听过他们关于自己与自恋者之间那美妙的性体验的回忆，他们觉得其中包含的那种火花四射的化学反应，是自己以后都没办法和将来的伴侣所复刻的。这是因为如自恋者一般的魅惑的情感掠食者，能够镜映出我们最深层的情欲和情感需求，从而引发强烈的性联结，而由此导致的催产素的释放，又会促进更多的信任和依恋。而可怕的是，缺乏同理心且不会形成这类亲密依恋的自恋者，可以毫不犹豫、干脆直接地转向下一个供给源。

从黑暗的一面来看，与自恋者的性行为本身也可能包含贬低、操纵和虐待，尤其是当自恋者提出想要尝试高风险的性行为，或试图强迫受害者接受让他们感到不舒服的性行为时。研究表明自恋与许多性胁迫行为和态度有关。例如，与自恋程度较低的人相比，自恋者认为含有性胁迫元素的电影片段比普通电影更具娱乐性、趣味性，也更容易让人产生性唤起。与自恋程度较低的人相比，自恋者对强奸受害者的同理心程度也较低，且男性自恋者在遭到女性的性抗拒时，反应也更具攻击性。

自恋者也可能在贬低阶段中在性方面冷落他们的伴侣，并经常用性事上的比较或不忠，将他们的伴侣扯入三角关系中，从而对方自觉没有性吸引力。这同样会强化受害者和施虐者的联结，因为它让受害者把恐惧和性联系在了一起，并把背叛和爱联系在了一起。

根据《联结的化学：助你重拾信任、亲密与爱的催产素》（*The Chemistry of Connection: How the Oxytocin Response Can Help You Find Trust, Intimacy and Love*）一书的作者苏珊·库钦斯卡（Susan Kuchinskas）的说法，催产素的成瘾性还与性别有关。一个不幸的事实是，雌激素会放大催产素的联结作用，而雄激素则会抑制它。这使得女性在任何一类关系中，都很难像男性一样能够迅速地从催产素造成的联结中脱离出来。

多巴胺

多巴胺是促成可卡因成瘾的神经递质，同时也是造成人们对危险的恋爱对象上瘾的一种神经递质。我们在被所爱之人拒绝后求而不得的渴望，与瘾君子对可卡因等毒品的渴求在大脑的奖赏系统中所引发的活动是类似的。在关系的贬低和抛弃阶段，幸存者经常遭到拒绝和贬低，自恋者混合着联结与背叛的钓饵，毫无疑问会导致幸存者如同药物成瘾一样对那些虐待行为上瘾，并因此苦不堪言，而且这种渴望会因为不断反刍回忆而加剧。根据《健康哈佛》（*Harvard Health*）的说法，无论是药物还是强烈的、令人愉悦的记忆都会刺激多巴胺的释放，并激活大脑的奖赏回路，根本上就是在告诉大脑"再来一次"。

记得吗？即使你们已经分手很久了，你还是会不断回味和自恋伴侣那些愉快而美好的第一次——浪漫的约会，甜蜜的讨好和赞美，不可思议的性爱体验——是的，这会让大脑释放多巴胺，诱惑你"再来一次"。

多巴胺并不仅仅与快乐有关，它也与生存有关。多巴胺的显著性理论认为，我们的大脑不仅会为了令人愉悦的事情释放多巴胺，还会针对与生存相关的重要事件释放多巴胺。正如萨曼莎·史密斯汀（Samantha Smithstein）博士所言："多巴胺就像一个信使，但它不仅能指示什么会让我们感觉良好，还能告诉大脑就生存而言什么是重要的，以及应该把注意力投向哪里，并且越是强烈的体验，多巴胺向大脑传递的重复该活动以图生存的信号就越强烈。"（2010）

虐待幸存者很不幸地被多巴胺绑架了。根据苏珊·卡内尔（Susan Carnell）博士的说法，像间歇强化这样的虐待策略对我们的多巴胺系统很有效，因为有证据显示，当奖赏按照不可预测的时间表而不是按照条件线索发放时，多巴胺的流动会更顺畅。海伦·费希尔（Helen Fisher）指出，当我们在追求爱情的过程中遇到障碍时，这种"挫折－吸引"体验实际上会强化而不是削弱我们对爱情的浪漫感知。虐待关系中的创伤，其本质实际上会助长我们对这类伴侣的不良沉湎。

因此，在情感虐待事件之后，我们偶然听到的如耳语般空洞却甜蜜的情话、道歉、服软，以及在贬低阶段偶尔表现出的温柔（刚好于下一起虐待事件发生之前），实际上有助于巩固而不是弱化这种奖赏回路。

助长这些多巴胺渴求的是一种强烈的认知失调，它出现在我们对施虐者抱有相关的矛盾信念的时候——这些信念无疑是受到了我们与施虐者之间的生理联结、对方的虚假面具，以及对方间或展现的温善的影响。约瑟夫·M.卡弗（Joseph M. Carver）在他的《爱与斯德哥尔摩综合征》（"Love and Stokholm Syndrome"）一文中谈到了认知失调的力量。在文章里，他把关于反社会人格障碍伴侣的认知失调描述为"身处虐待性控制的环境中的一种生存机制"。

由于认知失调，我们能够合理化、最小化，甚至否认对方的虐待行为，试图通过回忆和浪漫化关系的早期阶段来维持对施虐者的最初信念——温良有爱且热烈的人。在此基础上，我们将那些拉响了大脑中"提高注意"的警报的激烈受虐体验，以及不断反复回味的那些令人愉快的记忆糅合在一起，于是就得到了产自炼狱的生物化学联结。

皮质醇、肾上腺素和去甲肾上腺素

皮质醇是一种应激激素，别太惊讶——在虐待关系造成的，创伤性的情感跌宕起伏中，它会在恐惧的刺激下，作为"战斗或逃跑"机制的一部分而由肾上腺大量释放的。当皮质醇在情感虐待的循环中被释放时，由于我们很难为其找到一个物理意义上的宣泄出口，越积越多的压力就会被困在我们的身体里，如果我们正挣扎于虐待带来的创伤后应激障碍或复杂性创伤后应激障碍的症状中的话，更会如此。

新的研究证实，皮质醇会放大与恐惧相关的记忆的影响，而催产素和皮质醇实际上会共同作用固化恐惧记忆。皮质醇在新的创伤性记忆形成以及回忆这些记忆时都会被释放，因此在闪回期间，"当记忆重新得到巩固并被编码到特定的神经元中时……皮质醇水平会飙升"，从而进一步巩固并将其更深刻地嵌入我们的神经网络，使其越来越鲜活，存在感也越来越强，最终导致个体会更加难以疗愈。

当我们反复思考虐待事件时，体内的皮质醇水平会不断升高，进而引发越来越多的健康问题。克里斯托弗·伯格兰（Christopher Bergland）在《皮质醇：为什么压力激素是头号公敌》（*Cortisol: Why The Stress Hormone is Public Enemy No. 1*）一文中提出了许多对抗这种激素影响的方法，包括体育锻炼、正念、冥想、大笑、音乐和社交等。

肾上腺素和去甲肾上腺素也会让我们的身体做好"逃跑"或"战斗"的准备，它们是我们对施虐者产生生物化学反应的罪魁祸首。

当我们看到心爱的人时，身体就会释放肾上腺素，导致心跳加快、手心出汗。然而，这种激素还与恐惧有关——研究已经证实，当我们与伴侣共同经历过一段高压、可怕的时光后，我们会更加依恋和渴望他们，因为恐惧和负面经历也会释放多巴胺，这正好迎合了我们大脑的奖赏系统。

据伯格兰所言，肾上腺素还能促进抗抑郁作用，使恐惧和焦虑被触发，然后释放多巴胺——这可能会导致我们成为"肾上腺素瘾君子"，不顾一切、上瘾般地追寻在温情联结和无情背叛的反复不定的刺激下激增的肾上腺素。在"断联"期间，远离了这种肾上腺素激增的快感可能会非常痛苦，这就是许多自恋者的伴侣往往会故态复萌，重新回到施虐者身边，以及保持"断联"非常困难的原因。

为什么一起经历了坐过山车般大起大落的伴侣往往会更加喜爱彼此，为什么有过共同的可怕经历的两个人会变得更加亲密？恐惧在他们之间催生了一种生物化学上的联结。这意味着，当我们害怕自恋型伴侣以抹黑行为对我们进行报复时，当我们害怕他们的自恋式狂怒或爆发时，我们实际上可能会以一种没有料到的方式与他们产生更紧密的联结——沉迷在深植于虐待循环中的痛苦、恐惧和焦虑里。

血清素

血清素是一种调节情绪的激素。当我们坠入爱河时，体内的血清素水平的下降模式会变得跟强迫症患者的类似；研究人员推测，这可能会导致我们强迫性地不断对自己的伴侣产生念想，并将我们的注意力和资源集中在他们身上。对于那些在有毒的关系中，很早就被"调教"为期待魅力十足的情感掠食者给予过度赞美和奉承的人来说，这可能并不令人感到意外，因为他们可能由此产生对于自恋者的痴迷、强迫和迷恋症状。而血清素水平低的个体也更有可能发生随意和放纵的性行为，这会再次释放多巴胺和催产素，加深受害者与施虐者之间的联结。正如你所看到的，我们身体中的生物化学物质相互作用，进一步促成了这种恶性循环。

这就是为什么自恋型施虐者能利用甜蜜轰炸和对我们过度宠爱，在关系的理想化初期阶段主导我们的大脑。不难想象，当我们因为伴侣的暗中贬低、沉默对待、冷暴力、不忠和突然失踪而被迫时时刻刻脑袋里都是我们的自恋伴侣时，这种影响会被无限放大。我们为他们沉迷不仅仅是因为爱，还因为恐惧，焦虑和思维反刍。

复杂性创伤后应激障碍和自恋型虐待

哈佛医学院教授朱迪思·赫尔曼（Judith Herman）在她 1992 年出版的《创伤与复原》（*Trauma and Recovery*）一书中首次对创伤后应激障碍（PTSD）和复杂性创伤后应激障碍（C-PTSD）进行了区分。心理健康界在 C-PTSD 的循证和研判方面进展缓慢，这导致常年挣扎在创伤阴影中的个体往往被误诊为焦虑或抑郁障碍，以及边缘型或依赖型人格障碍。尽管有关 C-PTSD 的讨论多见于儿童期身体或性虐待的相关话题下，但情感或言语虐待、长期的家庭暴力及儿童期的长期情感忽视也可能引发 C-PTSD。

C-PTSD 是一种由慢性创伤引起的 PTSD，这种创伤是长期的，而且往往无法逃脱。大多数 C-PTSD 受害者都符合常规 PTSD 的症状，除此之外，有的 C-PTSD 患者还发现自己的压力适应能力、与他人互动和调节情绪的能力严重受损。

对于患上 C-PTSD 的人来说，没有一种创伤是无关紧要的，慢性创伤所导致的一些痛苦事件或许看似微不足道，却可能使当事人感到仿佛生命都受到了威胁。这就是"别再想了"这样的话对长期的虐待和创伤受害者的伤害性如此巨大的原因。

曾遭受过伴侣长期的情感虐待的幸存者、被霸凌过的幸存者、曾遭遇过多个自恋伴侣或由自恋的家长或监护人抚养长大的幸存者，可能会发现自己受到以下症状的困扰：

- **情绪闪回**　重新经历虐待事件带来的强烈情绪，包括被抛弃、羞耻和恐惧等。即使是看上去微不足道的事件也可能会引发闪回，并导致严重的情绪和心理困扰。

- **噩梦**　有关创伤性事件的鲜活梦境，通常带有强烈的情感色彩，幸存者往往会感到羞耻、羞辱和无助。

- **高度的内在批判**　每天的思想和情感被过量的、高度负面的自我对话和自我批判所渗透。

- **回避**　害怕创伤受到触发而回避思考、人群、外出和活动。

- **麻木**　幸存者可能会如同惊弓之鸟一样感到情感麻木，无法完整触及创伤经历中的深层情感。

- **社交焦虑**　回避社交场合，感到自惭形秽和品行有缺，为了避免被曝光自己的"与众不同"而回避一切需要与他人互动的情境。

- **焦虑加剧、高度警觉和唤醒**　对他人不信任感上升、惊恐发作、情绪爆发、精神崩溃。

- **注意力难以集中**　由于情感上的痛苦而无法集中注意力，难以专注。

- **毒性羞耻感和自我厌弃**　幸存者觉得自己品行有缺、

毫无价值、自惭形秽。他们因为别人抛弃了自己从而也"厌弃"自己，觉得自己不值得被关心、保护、爱、尊重或同情。

- **解离** 幸存者可能会遗忘创伤事件或感觉和自己的身体或思维脱钩了。解离的最极端形式是分离性身份识别障碍 这是一种罕见的疾病，通常是由童年时期的性虐待引起的。患有 DID 的人会分裂出多个"分身"（alter），不同的分身会就受害者身上的不同方面进行"对话"，而受害者对这些分身的行为并不知情或几乎意识不到。

- **全或无 / 非黑即白的思维** 在这类认知曲解中，一切都被归为彻底的好或彻底的坏；幸存者也容易陷入非黑即白的思维方式中，批判自己是毫无价值和一无是处的。

- **对加害者的扭曲认知** 幸存者可能满心都想着复仇，将全部精力都放在施虐者身上，过度关注对方。

- **自我伤害** 为了应对倾压而来的情绪，幸存者可能会出现自我伤害行为，包括但不限于酗酒、将自己置于危险的境地、自我破坏或自残行为等。

- **自杀意念** 幸存者可能会感到自己好像已经无法再承受痛苦，反复于自杀念头中挣扎。由于感到无助和麻木，他们可能会觉得自己不想再活下去，必须放弃生命才能从痛苦中解脱。

皮特·沃克在其著作《不原谅也没关系：复杂性创伤后压力综合征自我疗愈圣经》(*Complex PTSD: From Surviving to Thriving*)中讨论了遭受童年虐待的孩子患上 C-PTSD 的风险。这种类型的 PTSD 更常见于那些透过虐待关系不断"重历"童年创伤的人。

拜 C-PTSD 所赐，我们可能会出现噩梦、高度警惕、强烈闪回、情感麻木和回避一切的情况。由于长期遭受虐待，个体也可能发展成为沃克所说的四种"F"类型，即"僵、战、逃和讨好"(Freeze, Fight, Flight and Fawn)中的其中一种或者两种的混合体。

"僵"类型的人被自己的创伤所麻痹，他们从社会关系上将自己隔离起来，且回避任何可能使他们再次遭受创伤的情境。

"战"类型的人（往往是自恋谱系中的一员）倾向于对创伤进行回击，这意味着他们会对任何威胁到自己脆弱之处的人展现出攻击性。

至于"逃"类型的人，即使环境造成的威胁看上去微乎其微，他们也会不遗余力地死命逃离那些让自己感到脆弱的情境。最后，"讨好"类型的人存在一种为了避免冲突而过度顺从于压榨他们的有毒之人的倾向——他们通常也是"4F"

群体中的"老好人"。

如果你既是童年时期就遭受过自恋型虐待的幸存者，又是成年后也遭受了自恋型虐待的人，你可能会发现自己就是这四种"F"类型中的一种，甚至还可能是两种或更多类型的混合体。找到一位具备 C-PTSD 专业知识的、能够提供专业支持的心理咨询师对于恢复至关重要。第三章将给出一些建议，这些建议不仅包括该如何对抗那些让你与施虐者纠缠不清的联结和心理成因，而且还包含各种各样针对常受这些不良关系荼毒而岌岌可危的心理、身体和精神的疗愈方案。

创伤性联结

在面对危险时，所有恐惧和焦虑的冲击都可能会重新激活过去的创伤，并造成帕特里克·卡恩斯（Patrick Carnes）所说的"创伤性联结"或"背叛联结"。创伤性联结产生于施虐者引发的激烈情感经历之后，会将我们与他们绑定在一起，形成难以摆脱的、潜意识的依恋模式。创伤性联结在虐待关系中很常见，同时它也存在于绑架、挟持事件和成瘾行为中。据卡恩斯所说，"日行的贬低、操纵、蒙蔽和羞辱的细微举动渐成大患，日积月累形成的创伤悄然地向受害者发动偷袭"。斯德哥尔摩综合征的成因中就有这样的组成部分，其中作为人质的受害者对自己的迫害者产生了依恋，甚至会对绑架自己的人百般维护。

自恋型施虐者施加在我们身上的阴险的隐性虐待，正是日常的贬低行为——冷暴力、投射、煤气灯操控、言语虐待、三角化和情感操纵等的累积。自恋型虐待会制造出一种萦绕着恐惧、羞耻和控制的环境，受害者在其间只能时刻如履薄冰，随时都在害怕突如其来的沉重打击。伴侣居高临下的言论、出轨劈腿、病态的谎言、侮辱和辱骂，让受害者从情感上、精神上和身体上经受着多重背弃。

尽管自恋型虐待的幸存者有着不同的背景，而且任何人都有可能成为自恋型虐待的受害者，但创伤性联结对于那些成长于存在暴力或情感虐待的家庭的人，或者除了近期的创伤和受虐经历外，还拥有一个自恋型家长的人来说，破坏性尤其显著。

幸存者所遭受的来自不同自恋型个体的多次虐待，可能会进一步强化他们在童年时期所受创伤与当前施虐者造成的创伤性联结。如果过去有过受害经历，比如在虐待性的家庭中生存，当前所受的虐待就可能导致创伤的复现或再次激活——其根源是加里·里斯（Gary Reece）博士在《创伤性联结》（*The Trauma Bond*）一文中曾提到的"关系创伤"。

无法结束虐恋关系的情感与心理原因

关于幸存者为何会无法结束虐待关系，还有情感和心理上的原因。在外界看来，幸存者要面对的似乎只是一个简单的选择：既然遭遇了情感或身体虐待，那要么离开，要么继续留在这段虐待关系里。然而，正如我们之前讨论的那样，他们在内部其实还挣扎于认知失调、间歇强化造成的破坏性的条件反射、类似于 PTSD 的症状、创伤性联结、以往的虐待关系或童年时期的受虐经历可能遗留的创伤、斯德哥尔摩综合征、无价值感及心理学家塞利格曼所说的"习得性无助"状态，等等。

尽管这看起来可能是反直觉的，但事实是从一段长期的虐待关系中抽身离开甚至比离开一段相互滋养和支持的积极关系更难。这是因为自恋或反社会的施虐者是玩弄人心和暗中操纵的高手，能够通过煤气灯操控否认存在虐待行为，并对外展现出一种虚假形象以示清白。幸存者于是会随之陷入内心的自我争斗，怀疑自己所感知到的现实是否真的是虐待，而这种认知失调会因社会上的受害者有罪论而愈演愈烈。

请记住，施虐者向外界呈现的是一个虚假的、迷人的自我，基本只有在幸存者面前他们才会暴露出自己真实的那一面。在约会或恋爱的初期阶段，施虐者可能会展现出自己最好的形象。只有在运用暗中操纵的手段，如镜映和甜蜜轰炸

"勾住"了幸存者之后，他们才会开始贬低、诋毁和伤害幸存者。尔后，幸存者不得不想办法从心理上对这种突然的人格"转变"所带来的创伤进行消化和处理。这个过程的难度和时间取决于关系的存续时间，幸存者自身所拥有的应对资源，以及虐待的严重程度和性质，整个过程可能需要耗费几个月到数年的时间。

我强烈主张在遭受虐待后斩断虐待关系，并实行"断联"策略，重新夺回自主性。然而，我在鼓励幸存者们在遭受虐待后重新给自己赋权的同时，我也希望人们能够理解，要从这样一段关系中抽身离开往往并不像看起来那么容易。没有早点儿离开并不能作为测量或表明幸存者的能力或智力水平的依据，这更多与他们所遭受的创伤的严重程度有关。

这种关于结束一段虐待关系非常容易的错误说法，实际上不利于我们为幸存者创造更安全的空间，来让他们感到被肯定和支持，从而能够说出自己的经历——这种支持对于任何处于虐待关系中的受害者来说都是至关重要的。这就是为什么我想要通过提供一些他们为什么会留下来的见解来打破关于虐待幸存者的有害的刻板印象。如果你不是一位虐待幸存者，那这些原因可能会出乎你的意料。

幸存者留下来的原因很复杂，并且与创伤的影响，以及幸存者受到虐待之后看待自己的方式的改变有关，另外，有时社会氛围也会使他们更难为自己所受的虐待发声。

1. 在相互滋养、健康积极的关系中，我们对那个人的爱足以让自己在最后安心放手，不会心生顾虑。而在一段虐待关系中，伴随着分手这个决定的则满是对报复的恐惧和焦虑。在健康的关系里，即使存在波折，整段关系中也贯穿着相互的尊重和怜惜。即便很难，我们也相信被分手的那个人会给予我们足够的尊重，在分手后第二天到进入下一段关系之前花时间自己疗伤，而不会因为我们选择离开就威胁或跟踪我们（在自恋者的心中，只准他们抛弃我们），不会暴力攻击我们，也不会因为我们先抛下了他们这件事而对我们进行大肆诽谤和抹黑。

那些不是自恋者或心理变态的伴侣在分手后很可能不会再打扰我们，也不会仅仅因为需要供给而花心思试图"回吸"，他们懂得在一段关系结束后划清界限和给对方预留所需空间。

由于幸存者在与伴侣的关系中可能经历过背叛、操纵、贬低、煤气灯操控和欺骗等虐待行为，他们可能会对施虐者到底是什么样的人产生认知失调，并一直处于怀疑之中，以至于幸存者们可能耿耿于怀，难以果决地斩断一段虐待关系。可以理解的是，许多虐待受害者在被恐吓之后不想让施虐者将目标转移到下一个受害者身上，因为他们害怕下一个人可能会得到更好的待遇，从而坐实施虐者一开始灌输给他们的无价值感。在感觉自己能够真正释怀之前，幸存者也可能会时刻惦念着因果报应能够起效，或者总是觉得对方欠自己一个真正的"道歉"。

当然，幸存者最终将意识到，只有在结束关系并开启疗愈和恢复之旅后，他们才能向内求得安心与解脱。他们还会意识到，下一个受害者极可能会遭受同样的虐待——尽管在施虐者将下一个受害人置于理想化阶段时，情况看起来并非如此。施虐者的道歉是无用且有害的，因为他们的真实意图已经是有目共睹的了：为了将我们拉回到有毒的动态关系中而设计博取同情的把戏或回吸策略，并非真心实意的忏悔。相反，幸存者的自我宽恕才是至关重要的。

2. 虐待受害者看待自己的方式开始向施虐者靠拢。施虐者强加给受害者的贬低、居高临下的言论以及身体暴力，会导致受害者产生习得性无助和自我怀疑的感觉，使受害者害怕自己其实并不像自己想象的那样有价值。尽管虐待受害者在外人眼中，可能属于最自信、最成功、最美丽的那一类人，但他们由于遭受施虐者的折磨而形成了创伤性的条件反射，内在世界其实充满了恐惧不安和自我怀疑，自尊心也摇摇欲坠。他们被调教为以"嗟来之食"（偶尔的赞美、一些流于表面的关注，或者在虐待循环再次开始之前的成堆的礼物和恭维）为生，不得不时刻谨记他们得到的爱永远都不会是无条件的，即使毫无尊重和怜惜可言，这种爱也必须要"努力"

才能被争取到。

因此，他们可能会将自己与处于更幸福关系中的人进行比较，甚至与被施虐者以看似理想化的方式对待的前任们进行比较（因为自恋者可能要么将前任捧上神坛，要么对其进行疯狂诋毁），并会想知道，为什么我不行呢？我有什么问题吗？当然，他们并没有问题，有问题的是这段虐待关系，它是幸存者在生活中饱受毒害的根源。

施虐者可能会屡次三番地将幸存者牵扯进各种拉踩之中，以表明受到虐待在某种程度上是幸存者自己的错（这个过程也称为三角化）。因此，幸存者很难接受这样一个事实：即使自己是地球上最自信、最成功、最美丽、最有魅力的人，仍然会被施虐者虐待，因为这就是施虐者在亲密关系中固有的行为方式。他们虐待受害者是因为他们享受主导和控制的感觉，而不是因为受害者本身缺乏优点。实际上，为了强化自己那虚假的优越感，自恋型施虐者尤其乐于打击一切在成就和个人特质上让他们感到嫉妒的人。

幸存者在被虐待后可能会形成的扭曲的信仰体系，认为结束关系会反过来坐实自恋者对他们的看法。他们将关系的结束与自身的失败关联在一起，觉得是自己没能赢得那个人的喜爱，而这个人实际上只是将他们当作战利品，先是一直捧着他们，尔后又冷落疏远他们。

自恋型施虐者会在整个亲密关系中忽冷忽热，让对方觉得有问题的是自己，而不是施虐者。幸存者为了赢得施虐者的喜爱而苦苦挣扎，尤其是如果他们有习惯性地讨好他人的倾向，且存在对于被拒绝和被抛弃的恐惧的话，情况会更糟。施虐者对我们所做的可怕事情似乎无法与我们在受虐后被抛弃的痛苦相提并论：好像被抛弃了就会证明我们真的"不值得"，而这所谓的"不值得"其实是施虐者为了将我们套牢在关系里而故意制造出来的。

在疗愈之旅中，幸存者会重新发现他们的真实自我，并学会摆脱由施虐者和童年时的遭遇植入他们心底的讨好他人的有害习惯。他们会开始重拾自己的价值，而不再仰赖于社交互动和恋爱关系去获取价值。最终离开施虐者并坚决保持断联，会成为幸存者最为解脱和痛快的人生经历之一。在遭受虐待后重建生活并不容易，但这将会是一次不可思议的蜕变体验。

3. 结束关系意味着幸存者必须独自面对他们所经受的所有创伤。 虽然这一般不是一种有意识的选择，但幸存者可能会觉得将虐待合理化并避免面对他们正在经历的惨痛现实会更好受一些，而要这样做其实也不难，因为他们在关系回暖的时候容易出现虐待健忘症。他们还可能触发一种名为解离的防御机制，这种机制能让他们从正在遭受的可怕虐待中幸存下来。 留在虐待关系中可以让幸存者继续保有关系中好的那部分，同时在心理上保护自己免于直面虐待造成的创伤。

　　一方面，作为自恋者、心理变态或反社会者，施虐者往往十分精于煤气灯操控、奉承讨好，甚至是性技巧，打造出某些似乎能超越虐待所带来的痛苦的愉悦联结，虐待健忘症于是成为了一种相当具有吸引力的、能够让受害者从魔爪下暂得喘息的心理保护形式。施虐者在虐待循环的积极上升阶段所展现出的歉意、温善、体贴和怜惜会助长虐待健忘症。另一方面，解离往往不是幸存者故意为之的——解离作为创伤事件的应对机制通常是自然而然地发生的。当然，现实是，受害者与施虐者之间的联结是基于创伤的联结，与实际的满足感、爱或尊重没有多大关系，一切都只和受害者对自恋者的美好幻觉有关。

　　如果受害者存在来自以往关系或童年时期的创伤，那么结束这种关系就更加困难。根据美国国家儿童创伤应激网络（The National Child Traumatic Stress Network）的说法，这是因为儿童时期的依恋风格可能受到了影响。联合国儿童基金会曾在一项报告中指出，成长过程中在自己家里目睹过家庭暴力的儿童，更有可能成为虐待关系的受害者。除了本书前面提到的生物化学作用和创伤性联结之外，我们对施虐者的成瘾性可能还源于哈尔彭（Halpern）博士的《怎样离开他》（*How to Break Your Addiction to a Person*）一书中所提出的"依恋饥渴"。正如他所描述的，对"变得安全，变得快乐"

的渴望驱使我们对一个浪漫的人产生"成瘾式冲动",因为我们希望最终能够得到从前在养育者那里没能得到的东西。

受我们在童年时期无意识的行为模仿所影响,虐待行为几乎被常规化了。我们可能会认同作为受害方的父亲或母亲,甚至可能暗自发誓自己绝对不要落得和他或她一样的下场,但实际上却选择了一个有虐待倾向的伴侣,试图通过"修正"这样一个伴侣来"修正"自己的过去。根据我们对青春期早期大脑发育受创伤影响的了解,一个从小目睹这种暴力和虐待长大的人不会受到心理影响的说法是站不住脚的;人在成年后不会受到与童年时期相同的创伤影响的说法就更不靠谱了。

在一段虐待关系结束后,幸存者面临的挑战是揭开自己过去和刚刚经历的创伤,并开始着手处理这些问题。这段关系的结束实际上是一个从那些最开始就没能得到疗愈的创伤中痊愈的黄金机会。对独自承受痛苦的恐惧如今必须克服——现在幸存者已经摆脱了有毒的关系动力的影响,有了独立行动、思考和感受的空间和时间。

4. 来自社会上的恶意和羞辱会让幸存者们怀疑一切是自己的错,而这有碍于一个牢靠的、支持性的网络的形成。对于遭受明显的不尊重行为之后仍继续维持虐待关系的这一做法的污名化联想,让许多没有亲身经历过虐待关系的人轻易地就开始对受害者指指点点。"他（她）是怎么能留下来的？""他们第一次伤害你的时候，你为什么不离开？""你确定那真的是'虐待'吗？"这种受害者有罪论、羞辱和质疑会让虐待受害者感到极度的孤立无援，也会使得他们与自己的支持网络产生隔阂。"你为什么不离开"这个问题会进一步驱使受害者留在虐待关系中以寻求虚假的安慰，因为他们会宁愿留下来也不愿冒着被那些本该在意他们的人——朋友、家人，甚至是司法系统羞辱、污名化、评判和质疑的风险说出真相。

这里有一个假设：如果社会不再以如此消极和评判的眼光看待虐待幸存者，那么他们或许更有可能报告家暴事件。如果家暴幸存者的朋友们能从同理和理解的角度对待他们，而不是妄加评判，那么他们或许就真的能得到所需的支持，从而相信在结束关系后自己不会独自强撑。

事实就是如此，要是你不曾在一段虐待关系里深陷过，你不会真的知道那究竟是种怎样的经历。不仅如此，你也会很难预设自己在同样的处境下会怎么做。我发现，那些最热衷于谈论自己在相同情况下会怎么做的人，往往对自己正在谈论的东西根本一无所知——他们自己从未亲身经历过相同的处境。

这些人质疑幸存者，实际是在捍卫他们所认同的自己的强者形象认同，却完全没意识到虐待幸存者们往往就是最坚强的那一批人。他们曾被奚落、批判、羞辱、贬损，却依然挺了过来。对于这些情况，那些忙着品头论足的人往往毫无任何实际经验，但他们也能心安理得地争抢话语权，让真正的亲历者们被迫收声沉默。

虽然成为幸存者有时会让我们被社会边缘化，但它也会使我们在充满感同身受的理解的互动中，与其他幸存者建立起紧密的联系。我们有能力以其他个体无法企及的方式为彼此提供同理心和洞察力。踏上疗愈之路的幸存者们会学习如何为自己发声，如何与其他社群建立联系并与那些曾经历过这些事情的人沟通交流。

5. 他们在心理上还没有做好离开的准备。 通常，只有某种顽固的坏习惯或行为造成的痛苦远远超过一切所能感知到的快乐或回报时，我们才会停下。虽然这一理论可能过于简单，无法适用于虐待关系里的复杂动力和创伤性联结，但就幸存者最终离开的那一刻而言，它通常是适用的。有许多心理因素都可能对虐待幸存者的离开造成阻碍，并妨害他们为此做好准备，比如习得性无助和创伤性联结；此外，还存在一些外部障碍，像是经济依赖、与施虐者育有孩子、暴力威胁或这些原因的综合情况等。

幸存者可能会计划何时离开以及如何离开，憧憬着那一刻的到来，但往往也存在一些因素会耽误他们逃离的时间。

即使是世界上最好的建议也打动不了受害者，除非他们感受到自己了内心的转变，直到他们达到那个转折点，向自己说出那句："我已经受够了。我值得。而且我值得比这好得多的对待。"那幡然醒悟的一刻通常是在经历了极端的痛苦之后才出现的——当幸存者超越痛苦的临界值抵达一个转折点时。不幸的是，除非幸存者遵循心之所向做出了决定，否则其他人除了提供支持之外很难进行干预。这个决定必须由幸存者自己做出——因为他们在虐待关系中已经被困了太长时间，几乎丧失了选择的自主性，这可能是他们多年来做出的头一个有力的选择。

一旦幸存者做出决定，并采取行动坚持"断联"，离开就成了最终的胜利。无论这个转折点是什么，它都使他们从心理上做好了准备。当他们离开施虐者并不再回头时，他们才真正拥有了自主性和力量。他们已经从这段关系中学到了所有能学到的东西，并准备好了开始自己的疗愈之旅。

了解各种类型的生物化学和心理联结是相当重要的，这些联结往往会使受害者与施虐者建立依恋关系，因此更好地理解这些联结能够使我们能够放下受害者有罪论，进一步给予那些在离开虐待关系时苦苦挣扎的幸存者更多感同身受的理解和支持。我们必须避免评判，并继续用新获得的知识来强大自己和他人的力量。

如何战胜生物化学联结

要战胜生物化学联结，我们就必须认识到，在切断与自恋者的联系时，不可避免地会遭遇戒断反应。这意味着我们必须解决身体已经习惯于高水平的催产素、多巴胺、肾上腺素，以及不时骤升的皮质醇这一问题。有很多办法能够让我们用一种更健康的方式来满足身体对这些物质的需求，而不必将自恋者牵涉其中。以下是一些可以自然提升那些能让你感觉良好的化学物质的方法，你可以借此用能产生积极效益的活动取代对自恋者的沉湎。

提升催产素水平

"断联"或"低接触"是开始戒除催产素联结的瘾头的必要条件，尽管这势必将伴随着与自恋伴侣重修旧好的渴望。与其屈服于这种想要重新恢复关系的诱惑，不如用更健康的关系来取代这种渴望。以下是一些例子。

增加身体接触。你可以通过拥抱一只可爱的动物或是一个爱你的朋友或家人来获得催产素。研究表明，与一只狗贴贴抱抱也能提升狗和主人体内的催产素水平。如果你愿意的话，可以去收养一只动物或者和已经拥有的宠物腻歪一下，又或者主动提出去照看朋友的宠物。

你甚至可以在任何需要的时候给自己一个拥抱——是的，这也能让你产生催产素。让与自己在乎的人拥抱成为你的日常习惯。如果你愿意尝试，在完全结束与自恋型伴侣的关系，并且能分清身体接触与情感联结后，与某位能够真正吸引你的人共度一段舒适的时光。但是，这么做的前提是你能把这视为露水姻缘——疗愈期间，除非你感觉自己已经完全康复，否则不鼓励尝试建立长期关系。

一切从简——与某人互动、交谈或进行一次随意的约会，不要加入额外的要求和限制，并且只在你能够将期望和投入都保持在很低的水平的情况下进行。请记得，发生性行为可能会将你与这个人紧密联系在一起，这可能会触发或加重创伤，因此请根据自己的感觉量力而行。我们的本意只是为社会联结创造机会，而不是试图与另一个潜在的有毒的伴侣又建立起其他的创伤性联结。

这种方法并不适用于每个人，因为并不是每个人都能把身体的冲动与从严肃的感情中分离出来，但对于部分人来说，这么做可以让他们重新找回自己是一个值得被爱、有吸引力的人的信心，也能让他们意识到，除了自恋者，还有与别的人建立紧密联系和亲密关系的选择。对此，我只想提醒一点——不要连续约会，避免产生不必要的依恋，从而导致复杂的情况，并引发被拒绝和被抛弃的感觉。

增强社交联结。根据最新研究，催产素可以增加受 PTSD 症状折磨的人的同理心和亲社会行为。催产素联结的根源是亲密感，尽管对催产素的讨论通常是在浪漫关系的背景中，但没有证据表明这种联结在其他类型的互动中不起作用。花时间与真正关心你的朋友相处，能够增加社会联结以及你在生活中所获得的情谊和亲密感。如果没有支持你的朋友，那就新加入一个能够促使你与他人互动的健身房或互助小组。考虑到催产素和同理心之间的联系，你可以通过扶持一个朋友、为某项公益捐款，或成为某人的树洞来帮助他人。这是一种皆大欢喜的双赢的局面，在帮到其他人的同时，你也会感觉更好。

同样重要的还有自我慈悲，正如研究所指出的，它也可以提高催产素水平。慈心冥想可以加强你对自己的同理心和对他人的同理心。

提升多巴胺和肾上腺素水平

我把这两个坏家伙放在一起是因为我认为我们能够以彼之道还施彼身。想要寻求肾上腺素激增的刺激吗？那就去尝试一些让你浑身战栗、既害怕又期待的活动。无论是攀岩、跳伞、蹦极，还是大胆参加工作面试都可以，尽管去做一些能让你感受到自恋者曾给你的刺激的事情，我保证这会比从一段有毒的关系中寻求快感有更好的结果。想满足你的奖赏系统吗？那就去建立与自恋者无关的、新的奖赏回路，比如培养一个能让你全身心投入的新爱好、参与一项新的志愿活动或启动一个新的项目。以下是一些例子。

追随你的激情，去探索那些让你感到兴奋的工作机会。在我自己的"断联"之旅中，我创建了一个YouTube频道，写了一本书，找了一份新工作，还去参加了碰面会结识新朋友。这些方式让我的奖赏系统得到了积极有效而非破坏性的反馈，也让我对自己能够在新的支持体系的帮助下重建更好的生活充满希望——这种希望对于从有毒的关系中走出来至关重要。你现在可以用哪些活动、目标或爱好来消耗原本花在自恋者身上的时间和精力呢？请至少想出三种。

写一份能让你感到振奋的愿望清单，写完就立刻开始做清单上的事情，别把它放在一边落灰。确保这份清单上的项目是具有挑战性和能让你兴奋起来的——加入一点儿"恐惧"元素（这次是健康的恐惧！）来让你的预期计划像自恋者忽冷忽热的行为一样不可预测。例如，在我的旅途中，我经历了许多大冒险，它们让我的生活变得更加有趣和刺激了。我尝试了许多的第一次，从第一次骑机械公牛到第一次上钢管舞课（当然只是为了健身），再到第一次坐过山车。我也参加了艺术治疗小组，第一次尝试了在酷热的房间里进行的瑜伽课，还加入了一家全新的健身房。尝试你从未做过的事情，以一种全新的方式去做你已经做过的事情——无论是只为了好玩还是别有成效的活动，只要是全新的、没尝试过的，你的大脑、身体和心灵都会为此感谢你。

别给自己设限！生活可以是令人振奋的，是的，没有自恋者的生活甚至可以变得更加畅快。是时候对自己进行"甜蜜轰炸"了，把那些你原本就应得的关注、激情、奢侈和自我关照一一补给自己吧。同时确保你也能习惯性地自发宠爱自己，并随时遵循自己的心意去尝试新事物。我以前每天都会查看各种不同的活动，以便随时乘兴开启新的冒险之旅。这种不可预测的、间歇性的奖励时间表将让大脑中多巴胺的流动变得更加顺畅。

和那些能最大限度地让你感觉良好的朋友出去玩。这些朋友对你的态度必须是积极的、支持性的，是你可以发自内心觉得在他们面前感觉良好的人。那些让你开怀大笑的朋友，那些让你总是玩得很开心、真心喜爱着你的朋友，他们能为你带去的多巴胺的流量是其他人难以企及的。

或者，安排一些和自己独处的单人约会。这种约会既能给你"私人专属"的时间，又能提供娱乐消遣。它可以是购买你最喜欢的食物，去做 SPA，享受加了香氛精油的烛光泡泡浴，去做按摩，给自己买一套新衣服，或者买一张机票去你一直想探索的国家旅游，尽量频繁地做那些能够给你快乐的、健康的事。这将帮助你变得更加独立，降低讨好他人的概率，因为你会记得你独自一人的积极经历，不再为了每次冒险都有人陪伴而轻易地与有毒的人纠缠在一起。

当然，如果可能的话，尽量多地在单人约会中加入一些"新鲜"元素，比如尝试一种没吃过的食物、去一个没去过的地方或者去一个不曾涉足的国家。

去别的地方旅行至少一个周末——即使只是到另一个镇或州住一晚然后吃个早餐。这可以给予你急需的暂避空间，让你意识到无论那个自恋者在不在你的生活中，你的生活都将继续向前。

降低皮质醇水平

这种激素对我们而言应该是越少越好的。释放如皮质醇这类积压的应激激素，最有效的方法之一就是运动。养成每天锻炼的习惯，比如每天散步30分钟，就可能产生奇效。锻炼的另一个好处是可以增加大脑中脑源性神经生长因子（brain-derived neurotropic factor，BDNF）的含量，它是一种能促进神经元再生和对抗由创伤引起的神经萎缩的重要蛋白质。

作家兼生活教练克里斯托弗·伯格兰还提出了许多消减这种激素影响的方法，包括体育锻炼、正念、冥想、大笑、音乐和社交联系。

所以，在疗愈期间参加冥想或瑜伽课程，是很好的选择。

- 参加每日或每周一次的流瑜伽（Vinyasa Flow Yoga）课程或每天早上进行 10 分钟的呼吸冥想，以降低压力水平。

- 多看喜剧节目和喜剧电影，让幽默细胞活跃起来。大笑可以降低皮质醇水平，同时也能滋养你的奖赏系统。

- 笑一笑，即使没心情。微笑会促进内啡肽的释放，从而增加松弛感。

- 每周安排一个晚上和一些最具支持性的朋友出去玩，也可以加入一个虐待幸存者论坛或支持小组，增加社交联系。

- 听音乐，尤其是那些能够唱出你的心声，贴合你在一段虐待关系结束后可能体验到的不同阶段的悲伤和愤怒心情的音乐。

- 让舌头尽量放松，然后微微张开嘴巴，就能向你的脑干和边缘系统发送信号，停止释放皮质醇和肾上腺素。收缩肌肉，短促而快速地呼吸，也能够快速降低皮质醇水平。

　　放松和自我抚慰是与生活中的自恋者成功解绑的关键。如果你正在考虑重新联系你的自恋伴侣，这些行为还能拉着你后退一步，抵制这种冲动。

提升血清素水平

低水平的血清素会导致你陷入对前任的成瘾性思维反刍中，并会影响你控制冲动和执行计划的能力，情绪、记忆、体重、睡眠和自尊也都会受到影响。要提升这种强大激素的水平，你可以尝试以下这些天然的血清素促进剂，其中一些是亚历克斯·科布（Alex Korb）博士在2011年发表于《今日心理学》（*Psychology Today*）杂志上的《提高你的血清素活性》（"Boosting Your Serotonin Activity"）一文中提出的。

- **阳光** 晒太阳可以提升血清素水平。每天早上和下午在阳光充足的地方散步，以获取每日所需的血清素。

- **B族维生素** 血清素水平过低可能导致抑郁，而服用维生素B6和B12有助于降低潜在的抑郁风险。根据康奈尔妇女健康中心（Cornell Women's Health）的说法，已有研究发现维生素B6和B12摄入不足与抑郁有关。B族维生素也被证实对多巴胺和血清素的生成是不可或缺的。

- **按摩** 研究表明，按摩疗法可以帮助降低皮质醇水平并提升血清素和多巴胺水平，对患有抑郁症的孕妇、癌症患者和偏头痛患者等有相关需要的人群尤其有效。

- **回顾快乐的记忆**　根据科布的说法，回顾快乐的记忆可以增加前扣带回皮质的血清素的产生（前扣带回皮质是大脑中涉及注意力控制的区域）。如果你需要一些帮助来具象化快乐的记忆，可以翻一翻旧相册、以前的日记，或看一看家庭录像。回顾快乐的记忆能产生一种双重效果：既能增加血清素，又防止我们沉浸在不愉快的事件中难以自拔。不要使用这个技巧去回想或美化与施虐者前任在一起度过的那些相对较为美好的时光。相反，制作一个每日感恩清单，列出让你感到快乐的、且与你的前任无关的事。

- **治疗**　另一种处理这些创伤性联结的方法是和一个有经验的、擅长处理恋爱和家庭关系中的自恋型虐待的心理专业人士聊一聊。对于这一主题有深入了解并能提供支持的专业人士可以帮助你发现隐藏在表面之下的创伤。

- **药物治疗**　当然，如果你正挣扎在严重的、有躯体化风险的焦虑或抑郁之中，会有一些抗抑郁药物可以帮助到你。然而，由于这些药物不在本书的讨论范围内，请务必向心理医生或心理健康专业人士咨询。注意，以上这些方式都不能替代你的任何一种药物，因为它们只是你的自我关怀计划的补充。你目前正在服用的药物可能会有副作用，所以出现了任何因服药引起的变化，你都应该及时与你的心理健康专业顾问沟通。

- **运动**　无论你是正计划着离开虐待关系，还是已经开始了"断联"之旅，任何形式的运动——在跑步机上跑步、举重、跳舞、瑜伽、散步、骑自行车、跳尊巴——都能成为一种天然的抗抑郁剂，帮助你在疗愈的任何阶段都能更有效地应对自己的情绪。

解开创伤性联结

我们的许多行为都是在潜意识的驱使下进行的，而一个不幸的事实是，我们很多的潜意识都是在童年时期形成的。布鲁斯·利普顿（Bruce Lipton）博士在其2007年出版的《信念的力量》（*The Biology of Belief*）一书中告诉我们，即便尚在子宫内，我们也能感知到周围的环境——以至于我们能在超声波检查中观察到胎儿因父母争吵而产生一些反应。

想象一下，如果你在霸凌或家庭暴力中长大，被植入了能影响你一生的想法、信念、情感和观念，而且你并没有意识到它们的存在——那你现在会是什么样子呢？我们中的许多人认为，只需要更多地了解自恋并学会在看到预警信号时保护好自己，就可以摆脱自恋者。然而，这只是就大脑新皮质的层面来说可能有用，而对于边缘系统等实际上最容易受到自恋者的魅力影响的部分而言，则效果有限，尤其是如果我们在过去曾受过虐待的话。

事实上，自恋者利用的是我们大脑中情感的、原始的那些部分，尤其是杏仁核，来让我们落入他们的爱情圈套，然后向感情中倾注大量的焦虑和恐惧，让我们无法进行理性思考或看清他们的真面目。这就是为什么曾经不止一次栽在自恋者手上的人需要正视自己的创伤——不是为了责怪自己，而是为了观察和改变自己以变得更好。

许多幸存者不幸受困于 PTSD 或 C-PTSD 的症状中。对于存在类似情况的幸存者，我建议坚持接受专业的治疗，并继续通过积极的肯定、冥想和运动进行自我疗愈。这只是一个开始，治疗之路上需要做的事情还有很多。通过进行自我赋权的运动可以使身体开始从麻木中恢复，创编反向对话可以缓和内心批评的声音。

一个悲伤的事实是，虽然知识就是力量，但如果你无法打破创伤的往复循环，无法处理潜意识中的伤口，你便依然会容易受到自恋者的吸引，而自恋者也会被你吸引（记住，这吸引是双向的！）。知识必须与行为改变相结合，而只有疗愈了潜意识层面的这些旧伤，才有足够的支撑去做出行为上的改变。

扔掉自恋者珍视情感的假设

你有没有来来回回地猜想过你那自恋的伴侣是否也会怀念你们之间的感情，或者为什么他没有如你所期盼的那般争取过你？为什么你会希望他能给予你某种肯定，比如承认他确实虐待了你？你会疑惑为什么自己似乎就是没办法放下过去吗？

这是因为你不应该放下——至少目前还不应该。许多没有经历过这种虐待的人分手后常会听到别人告诉他们"放下"，但对于刚刚从这种摧人心智的感情中幸存下来的人来说，这几乎是不可能的。我们必须通过多种方法来处理正在发生的事情，包括分析自恋者的思维方式和为什么他们会以那种方式行事，才能触及冰山的一角。这就是为什么疗愈和断联之旅虽然能让人获得成长，但也可能非常具有挑战性。

许多幸存者会纳闷为什么自恋者不会回吸或"想念"他们，但现实是自恋者不具备情感上的依恋能力。自恋者的这一部分很早以前就封闭了，前缘旧因远在你遇见对方的多年之前就已经落地生根了（这就是我一再强调你的伴侣对你的行为绝对不是你的错的原因）。

幸存者通常不愿相信这样一个事实：患有 NPD 的人存在一个巨大的情感空洞，无法如正常人一样体验到爱和同理心这类真正的人类情感——尽管如此，我并不建议去在线论坛上查看自恋障碍患者关于自己心路历程的自白，或者去看反社会者和自恋者所写的自我剖白的书。因为这样做很可能会触发创伤，造成额外的惊扰和破坏性的情感负担。

自恋者除了对愤怒和嫉妒这两种情感的感受非常强烈之外，对于其他正常的人类情感只有非常肤浅、流于表面的感受。由于情感麻木，自恋者永远无法与他人建立真正的情感联系——虽然他可能在一开始"伪装"得很好，但随着时间的推移，这种联系会逐渐暴露出其虚假的本质。如果他们对你有过身体和情感上的暴力行为，那么他们对自己的下一任也会如此。如果他们曾对你进行三角化（在你和另一个人之间挑拨离间），他们也会对其他人进行三角化。这种虐待循环永远不会结束，但值得庆幸的是，你正在努力打破自己与自恋者的这种循环。这才是最重要的，也是最终能拯救你的关键。

话虽如此，我非常理解并能感同身受地体会到上瘾般地想要从这种有毒伴侣那里获得认可的倾向，尤其是这种类型的伴侣还会不遗余力地打压我们，我们觉得自己才是这段关系中的问题所在。

这就是我们为什么会欲罢不能地渴望和寻求认可的原因。自恋者不会在我们的逻辑和理智思维方面下功夫，而是会利用我们大脑中与生俱来的情感部分——这种部分被设定为会对被抛弃的恐惧做出本能反应。不幸的是，我们的进化还没有到能超越"如果我离开部落，我就活不下去"的思维模式的地步——而自恋者正是看准了那些让我们害怕被抛弃的要害来让我们相信被他们抛弃会让我们陷入生死两难的境地。不幸的是，对于许多受害者来说，情况确实如此，这就是为什么我想确保你清楚地知道自恋者的病态不是你的责任。

你自己身体的化学环境已经被潮涨潮落的多巴胺、催产素、肾上腺素和皮质醇等化学物质主导了，由此形成的某种条件反射，让你习惯于去寻求这种只有你有毒的伴侣才能给予你的高潮和低潮。这个人也是你花了相当多时间相处的人，我们在这种关系中的投入往往复杂而微妙——充满了爱、焦虑、仇恨、失望、悲伤和恐惧。

即使我们习惯了接受嗟来之食，也会不断希望得到更多。我们沉迷于这种虐待循环，这种循环让我们在条件反射中将爱与暴力关联在了一起。我希望你在因为想要主动联系对方或渴望对方能主动联系你而感到内疚时，能想起这一点。

关键是要接纳自己的感受，同时让自己从伴侣的束缚中解脱出来。因某种感受而批判自己不会产生任何帮助，但拥抱它们可以。你必须告诉自己："有这些感受是正常的。我尊重它们，但不会因为它们而轻举妄动。"

我们必须承认并看到自己的痛苦，才能更有效地将其释放，尤其在一段痛苦从未被看到或认可的关系中。自恋型虐待行为中最残忍的一面就是你曾经珍视的快乐被有毒的施虐者玷污了，他们就是有能耐让你无法再继续做自己喜欢做的事情或无法再直视自己曾经引以为傲的东西。

由于创伤和慢性焦虑而自我封闭是这种有毒关系造成的后遗症之一。治愈它需要时间，小进步比大跨越更容易。我只是希望你知道，你的一部分永远不会被带走和摧毁，这部分的你仍然满怀求生欲和对未来的希望。坚守住自己的这一部分，每天不断地壮大它。冥想、选用一句咒语或肯定语、念一段简短的祈祷……先从小事开始，我相信当你准备好时，会转向更大的行动。奇迹就在前方，无论现在看起来多么暗淡无望，你都必须为此而战。情况一定会变得更好，最好的还在后头。

从拒绝中恢复

被拒绝会让我们陷入对自己的价值和吸引力的反复怀疑中。无论是求职被拒、求爱被拒，还是在感情或友情中被对方拒绝，如果不能以健康的方式去接纳和应对，拒绝就可能会威胁到我们的自我效能感、自我形象和自尊心。拒绝也可能会加剧讨好他人的倾向，因为我们可能会觉得被拒绝是由于自己不够好，所以必须更加努力地赢得别人的认可。被自恋型虐待者拒绝？不必多想——由此造成的创伤会让我们对被拒绝的认知曲解变得更加严重。

我们可以对被拒绝这种事培养出一种更健康的认知和更

有效的应对方式，以下是一些主要方法，我称为应对拒绝的"3R法"。

3R法：向思维反刍宣战、转向积极的方面以及自我更新

1. 向思维反刍宣战

向你的非理性想法和信念发起挑战。被拒绝容易让我们陷入认知曲解，即持续产生负面情绪的、偏离实际的想法或信念。当我们被他人拒绝时，我们可能会陷入"非黑即白"的扭曲认知中，认为自己或当前情况"彻底完蛋"或"非常完美"。我们也可能会像是开了过滤器一样，只能关注到事件的负面细节，而看不到积极的方面。更有可能的是，被拒绝会导致一定程度的个人化，即把别人的负面的、有毒的行为归咎于自己，以及过度概括——把某次拒绝事件当成自己永远无法改变这种被拒绝的人生的证据。

回应拒绝我们的人（尤其是那些虐待成性或有毒的人）的"解释风格"，对我们的幸福至关重要。我们是将这些事件视为我们自身有问题的证据，还是视为拒绝和虐待我们的人身上有与我们的需求和愿望不符的东西的证据，对于我们将如何看待今后的人生是至关重要的。

将被拒绝和自我价值画等号，你认为会发生什么？最有可能的是，你最终会部分或完全地陷入自证预言，因为认知

曲解往往会影响我们在日常生活中面临限制和机会时，对能动性和自主性的感知。我们如果认为自己做不到，就往往连尝试都不愿意，比如，因为我们不相信自己有资质申请某份工作，所以我们注定与这份工作失之交臂。

如果我们认为自己不够好，我们就无法建立健康的关系。最后我们可能会陷入一种不断遭遇糟糕恋情的模式，因为我们可能会以自己没有意识到的方式进行自我破坏，并与有毒的伴侣保持来往。在这些错误的预设和后续行动的推波助澜下，被他人拒绝可以引发我们的自我拒绝。

试试这个练习。首先，列出一份包含 10 项负面的、与你对拒绝和自我价值的看法有关的错误信念的清单。这些信念可以包括"被拒绝意味着我是个坏人""如果有人拒绝我，就意味着我不够好""我需要在得到别人的认可之后才能认可自己"。

接下来，在上述信念的旁边写下 10 条挑战该信念或能提供与其相反的证据的话，比如"拒绝只和他人的期望和偏好有关，而和我作为一个人的价值无关"，或者"无论别人对我的看法如何，我都能保持良好的自我感觉"。如果觉得这样做有帮助，可以尝试想想在哪些情况下这些反话是正确的。例如，你可以想想他人对于一段关系的期望与你的期望有何不同，这些期望如何影响了他人对你（或者更准确地说，是这段关系本身）的拒绝。

更重要的是，你可以回忆一下你过去因为自己的需求、愿望和偏好，而非由于对方不值得而拒绝某人的经历。站在拒绝者的角度可以让你获得更广阔的视角，从而抵御将被拒绝个人化的冲动，并帮助你更快翻篇儿。你实际上是在提醒自己，每个人都会在某个时候被某事或某人拒绝，这种经历并非你一人独有的，也无法说明你的价值高低。

2. 转向积极的方面

被拒绝并不一定是一件消极的事情——它可以是释放你的努力和精力的一次好机会，并将你重新导向更值得你投入的事物或人。拒绝让你在哪些方面恢复了自由？你是否因为被解雇而有机会追求自己真正热爱的事业？一段关系的结束是否让你能够更充分地关怀自己，并为友情、旅行和新的职业规划开辟了空间？

每一次被拒绝后，列出一些在被拒绝之前你无法获得的新机会和可能性——无论是关于日后的宏大梦想，还是更现实的目标——这将帮助你训练自己的思维，将注意力集中在被拒绝后成倍增长的无限可能上，而不是放在我们惯于和拒绝关联在一起的可能性受限上。

3. 自我更新

记住，世界上只有一个你，将你的独特拒之门外是拒绝者的损失。我们都不止一次地听过这句话，"你只有一个"，但它到底是什么意思呢？这意味着独属于你的那一套——怪癖、个性、长相、才能、梦想、激情、缺点——永远不可能被完整复制在另一个人身上。你是独一无二的，拥有这个世界上任何人都无法复制的特质，即使他们想复制也不行。

拥抱我们的独特性，同时对被拒绝去个人化，能让我们记得，拒绝可以是一个重新转向更好的某些人或事的契机，是让我们的独特能够被完整看到并珍视的契机。

不管是谁拒绝了你，他们都彻底错失了你的独特性——他们再也找不到一个举止风范和你一模一样、能带给他们同样感觉的人。对方不懂得欣赏你不代表另一个人也不懂。另一家公司将从你的辛勤工作、毅力和才能中受益；另一个伴侣会欣赏那些让你之所以成为你的美好品质——你的幽默感，智慧和魅力；另一个朋友会因你的智慧和同理心而得到更多的力量。

你是一块宝石，你不必浪费宝贵的时间削足适履试图把自己变成其他任何东西，你只需要让别人"认可"你的独特。你之所以是你是有原因的，你有一项使命要完成，不要让被拒绝将你带离了那个使命，而要让它成为一个契机重新引导你去做更好的事情，提醒你真正的你是多么的特别，使你的自我意识升级更新而非瓦解摧毁它。

当我们开始全然接受真实的自己时，会发生一件有意思的事：我们会开始看到人们真实的样子，而不再会试图修复他们，或一味地讨好以便劝说他们改变。

　　一旦我们开始戒除讨好他人的坏习惯，并开始建立个人界限，我们就会更容易消化关于有毒的人和他们的所作所为的一些残酷真相。当我们对界限有一个更健康的认知时，我们就能启动一种健康的脱离程序，这有助于对抗那种常常让我们难以划清自我与他人的身份认同界限的痴缠式关系。

第三章

走出自恋型虐待

谁会被自恋者盯上

只要是有同理心的人，都可能会被自恋者盯上。事实上，不管你有多漂亮、多聪明、多成功、多讨人喜欢、多有趣、多坚强——你仍然可能被自恋者、反社会者或心理变态者欺骗，因为他们的脑回路异于常人，使用的操纵手段超乎我们最疯狂的想象。心理咨询师，尤其是夫妻治疗领域的心理治疗师，如果对此涉猎不深，就常常会被自恋者耍得团团转。同理心水平高的人容易成为目标，因为自恋者能够利用他们的同情心和善良的本性继续发展这个有害的关系循环。

同为幸存者的作家海利·罗斯·霍泽帕（Hayley Rose Horzepa）在《为什么聪明的女人会和施虐型男人约会》（"Why Do Smart Women Date Abusive Men"）一文中指出，任何对虐待关系的动力有所了解的人都知道，和施虐型伴侣建立并保持关系与智力高低没什么必然联系。幸存者难以斩断虐待关系，更多的是由他们的易感性而非智力低下造成的——过往的创伤和损失可能会加剧这种易感性。

与对虐待受害者一贯的刻板印象相反，一些研究表明，职业女性成为亲密伴侣暴力受害者的可能性是非职业女性的两倍；事实上，那些跟人格失常的个体有感情牵绊的女性同时也可能是相当独立的人，并且积极地在生活着。这一点在许多曾遭受家庭暴力的公众人物身上得到了印证——受害者多为聪明、有才华且事业有成的女性。虽然按照规律来说，受到自恋型虐待是因为这些人自尊心很低，但事实是，施虐者完全有可能把一个原本高自尊且很有安全感的人给拉下马来——我们将在稍后详细探讨他们的这一套路。

这并不是要否定或贬低曾与自恋者在一起并因此失去了独立性或实际上感觉与自恋者相互依存的人，不过这确实暴露了一个问题，即我们对曾遭受虐待的受害者的印象过于刻板单一、不合时宜，需要重塑认知以涵盖更多与惯常预设有所不同、背景各异、个性不一的人。

自恋者找上我们并不是因为觉得我们和他们是一类人，他们选中我们是因为我们是能照亮他们的黑暗的光。无论我们如何容易受伤，我们都依然保有豁达的特质——同理心、同情心、情绪智力和真正的自信——这是他们徒有其表的脆弱自负和虚假面具永远望尘莫及的。

虽然在儿时就曾受过虐待创伤的幸存者更容易遭受二次创伤，但必须承认的是，也有一些小时候没有经历过创伤的幸存者在跟自恋者、反社会者或心理变态者相逢后迷上了他们，随之而来的就是被他们虐待。世界各地给我发来信息的幸存者有着各种各样的创伤史，他们中没有人能够战胜或是免疫于这种隐蔽而阴险的虐待的影响。

幸存者有着各种各样的背景，他们之中很多都是强大、聪明、有才华和事业有成的人。将他们置于危险境地的是他们的同理心和易感性——累积性创伤导致他们没有稳固的个人边界和稳定的自尊，从而让他们更容易受到摆布，但这与智力或意志力无关，而是与他们所承受的创伤的性质有关——无论是在虐待关系之内还是在虐待关系之外。

受害者有罪论

受害者和心理咨询师共同发起了揭露情感和心理虐待的真相及其破坏性影响的运动，但这才只是开了个头。"不完美受害者"的刻板印象仍然比比皆是。不仅并非每个心理咨询师都了解这种形式的虐待，而且部分受害者本人也容易为被虐待的经历责怪自己。我们需要把这个话题拿出来进行更广泛且深入的讨论，让更多的人知道并了解自恋型虐待，从而帮助受害者获得他们所需的社会支持。

常有人觉得，伴侣中的一方之所以控诉另一方存在心理变态或自恋的特质，肯定是想要报复对方，或是因为个人偏见而夸大其词。事实上，研究表明，在测量个体的自恋程度时，来自伴侣的他评量表的结果与个体的自评量表结果，以及专家对该个体的测评结果是高度一致的——伴侣对自恋者的评价甚至比自恋者本人所报告的个性特质和行为倾向更接近专家测评的结果。当然，这也是由于自恋者存在自我表现偏差和印象管理的需要，而导致他们的伴侣或爱人比自高自大的自恋者更加可靠地还原了他们的真实特质和行为。

此外，在另一项关于心理变态者受害者的研究中，自评结果和他评结果之间不仅存在显著相关性，而且跟被评价者本人报告的结果比起来，女性报告者还往往会低估伴侣的心理变态程度。这显然不符合受害者会夸大伴侣的病态特质和行为的预设。事实证明，心理变态者的欺骗性甚至可能导致受害者无法充分地认识到自己伴侣的心理变态程度。所以我们的底线在于：不要觉得受害者对于心理变态或自恋伴侣的指控是在夸大其词。他们的报告可能是你唯一能如此近距离接触到自恋者或心理变态者的真实自我的机会。

对于从未经历过这类虐待的局外人来说，可能很难对自恋型虐待建立起一个具体的概念。让我们先弄清楚这一点：自恋型虐待的受害者并非太敏感或爱抱怨，他们所遭遇的不是正常关系中感情的起起落落，也不是单纯的相处不融洽，或伴侣情绪无能。所有自恋者、反社会者和心理变态者都是情绪无能的人，但并不是所有情绪无能的人都是自恋者、反社会者和心理变态者——他们不仅抱有伤害他人的意图，且虐待成性，无药可救。

本书所讲的虐待涉及的并非寻常的嫉妒、愤怒或能够充当关系催化剂并促进双方成长的、健康的感情冲突。更准确的说法是，它涉及真实生活中一个存在人格障碍的个体对受害者长期的极端控制、贬低和迫害，而且这并不是一个通过磨合就能解决的问题，因为自恋者不会有改变的意愿，他们享受这种操纵行为带来的快感。

如果你的伴侣曾经用我前面提到的这些自恋型虐待的手段刻意折磨你（比如专往你伤口上撒盐，以你的痛苦为乐），而且还明显缺乏同理心，那对方很可能就具有一定的自恋特质；但另一方面，如果你觉得这个伴侣是具备共情能力的，只是排斥建立紧密的感情关系，对方就可能是情绪无能。自恋者是潜在的极端恐怖分子。如果被迫一定要在两者之间做出选择，许多受害者宁愿和一个情绪无能者日日相对，也不愿跟一个"五毒俱全"的自恋者多待一天。前者无疑是让人难受的，但后者是百分之百有害身心。

要辨别伴侣是否完全达到了人格障碍的诊断标准，就必须先掌握对方有多少典型的异常行为表现。这些表现通常会在长期的亲密关系中随着感情的进展渐渐浮出水面，但也有可能更早地暴露出来。许多局外人不知道自恋伴侣的真面目，是因为双方的亲近程度还不足以让自恋者卸下伪装，从而也就不会发展到贬低和抛弃阶段。

你所见到的可能不过是对方的一个剪影罢了，在此表面之下还深藏着一些鲜为人知的真面目。自恋者在长期感情关系中的行为方式与在短期关系中的不同——长期伴侣在关系中往往会遭受更可怕的虐待循环，而短期伴侣虽然也可能会被残酷虐待，万幸的是他们在被彻底卷入循环之前虐待就中止了关系，因此他们不必完整地经历噩梦般漫无止境的自恋型虐待循环。

一种带有羞辱性质、关于受害者的常见刻板印象是"这年头谁都觉得自己的伴侣是自恋的"。的确，"自恋"这一术语正越来越为人所知，我也相信一些人对它的使用一直是比较随意的——任何流行于社会和文化中的词都难免会面临这样的问题。我们当然不是想给所有人都贴上"恶性自恋者"的标签，然而，把每个自称是自恋型虐待受害者的人都当作只是在借着"自恋型虐待"的名头声讨他们的伴侣或推卸自己的责任的这种成见，对于真正的受害者而言伤害极大，尤其是在他们终于鼓足勇气说出真相的时候。

真正遭遇了情感虐待和心理虐待的受害者通常不会推卸责任——他们往往才是会自我怀疑和自我责备的一方，尤其是在和施虐者解绑的过程中。比如很多受害人会不断问自己："是我的问题吗？会不会是我的错？"他们中的许多人甚至不愿向自己的亲友倾诉自己的遭遇，因为他们害怕被人当成疯子。我会知道这一点，不仅仅是因为我与受害者有过交谈，还因为我曾辅导过一些有被虐经历的来访者——他们遭遇的虐待的可怕程度是常人难以想象的。他们的生活被虐待者毁坏殆尽，他们的自尊心受到了前所未有的重创；他们在经济上已不堪重负，在精神上濒临崩溃，情感枯竭，身体也已经被这类长期虐待的影响拖垮。由于作为"掠食者"的自恋伴侣往往是迷人且善于隐蔽的，他们通常还会后知后觉地发现自己在双方共同的圈子里似乎陷入了孤立无援的境地。

受害者为自己所遭受的虐待感到茫然无措、羞耻、受伤和心碎，而一些不明真相的人还在羞辱他们，无视他们的遭遇，并试图让他们承认自己正在经历的言语、情感，有时甚至身体上的虐待全是他们想象出来的——这无疑是雪上加霜，乃至对受害者造成双重创伤。他们所遭受的煤气灯操控有来自施虐者的，更有来自社会的。一个自私的混球和恶性自恋者之间的区别显而易见，而自恋型虐待的受害者因为有过亲身经历，所以对这种区别更是深有体会。

如果作为受害者，你在怀疑自己所经历的是否真的算是一种虐待，请记住这点：情感虐待、言语虐待和心理虐待从来不是，也不应该被视为正常感情中酸甜苦辣咸诸般滋味中的一部分。心理咨询师和受害者都可以证明，与自恋者、反社会者或心理变态者在一起时，创伤性的起起落落跟一般感情中正常的起起落落比起来完全不是一回事。这种对虐待经历的合理化无论是于社会而言还是于世界各地的受害者而言都是相当有害的。

过往创伤削弱对自恋者的抵抗力

"有毒"的伴侣精心编制的操纵网络能够连通受害者过去以及当前的创伤经历，其中涉及的动力之复杂，绝对不单是如一些人所说的，施虐者只是唤起了受害者内心已经存在的创伤——这种过于简化的观点从根本上就没有考虑到自恋型虐待的复杂性。自恋者只是唤起了受害者过往的创伤这种观点，无法解释他们所造成的新的创伤的由来。我称之为"并发伤害"（simultaneous wounding）——自恋者通过将他们自己受过的伤害投射到受害者身上，激活并强化受害者往日的伤痛，同时制造出新的伤口的复杂过程。

自恋者、心理变态者和反社会者不仅仅会激活受害者的过往创伤，还会使创伤恶化，制造出一系列慢性应激源，让受害者伤上加伤，甚至引发复杂性创伤后应激障碍，其症状包括普通创伤后应激障碍的常见症状和毒性羞耻感（toxic shame）、情绪闪回，以及一种无休止、自轻自贱的内在批判。

如果从小就常常被忽视、没有得到足够的关爱和认可，我们就会逐渐形成一种条件反射——在逆来顺受的同时渴望得到更多的爱和认可。尽管任何人都可能成为甜蜜轰炸的受害者，但在一段关系的理想化阶段，当受害者被勾起了无条件的积极关注和认可求而不得的创伤记忆时，便尤其容易被对方乘虚而入，被对方利用"过度关注"这种操纵手段钓上钩。这进一步固化了创伤复现循环（trauma repetition cycle），于是我们就此陷入我称为"伤上加伤"的境地——这也是长期被虐待的受害者难以打破循环的症结所在。此外这还涉及一些生物化学层面的牵绊和创伤性联结，它们的存在让这个本就令人欲罢不能的循环更加难缠。即便如此，我们还是必须努力从中挣脱出来，以便收回我们的自主权、力量和控制感。

　　由于过去的创伤经历，我们会比一般人更执着于寻求从前可望而不可即的认可，因此格外地容易受到自恋者的甜蜜轰炸和理想化的影响。如果一个"有毒"的人在对我们进行甜蜜轰炸后又开始贬低我们，就会导致那些创伤的恶化，并造成新的情感伤害，使得作为受害者的我们内心更加支离破碎。这一切让创伤变得愈加根深蒂固，受害者要想从中解脱，势必将承受更多的痛苦。

　　除了受害者所经历的严重痛苦之外，这种创伤经历的症状还包括毒性羞耻感和自责。受害者被舆论引导而为自己的被虐经历感到自责，与此同时当前社会上此起彼伏的受害者有罪论更是加剧了他们的自责。事实是，虽然自恋者以别人的伤痛为食，但他们也会为这些人所具有的力量着迷。他们喜欢和独一无二、与众不同的人在一起（这实际上也正是NPD 的诊断标准之一）。正如我前面提到的，受害者不一定具有社会上普遍认为的温顺、依赖性强的性格——相反，他们可能非常有执行力且个性独立，并具有高度的同情心和同理心，正是因为如此，他们才能够在这些"有毒"的关系中坚持这么久。

不管我们有怎样的弱点和创伤，我们都不该这样被虐待或折磨。我们是创伤受害者，但这并不等于我们活该受到额外的伤害，或者这些都是我们自找的——事实恰恰相反。这让那些试图利用我们过往的创伤来伤害我们的人更显卑劣。指责受虐的受害者就像指责强奸受害者被强奸一样——而且由于受害者在虐待关系中形成了生物化学性联结和创伤性联结，他们的大脑和身体都发生了实质性改变，这些生理性的变化使得他们被迫与施虐者绑定在一起。

吸引我们的不是自恋者本身，而是他们精心打造的人设。许多受害者在与显性自恋者打交道时都及时闪避，但问题在于社会上还存在许多隐性自恋者、反社会者和心理变态者，他们非常善于操纵和欺骗，甚至最聪明、最有能力的专家和心理咨询师都可能无法识破他们的假面。

另一种常见、针对受害者群体的指责是，受害者在某些方面与自恋者肯定有相似之处，这才吸引到了"有毒"的人进入他们的生命。许多人忘记了一个事实，那就是自恋者永远不会和像他们这样的人在一起——就像我们会因为他们而感到难以招架和黯然神伤一样，他们要是这样做了，最终也只会落得和我们一样的下场。他们并不想要和一个跟他们一样情绪无能或没有同理心的人在一起——这对他们来说毫无乐趣可言。他们需要有同理心、有同情心、有自省力的人（这样他们就可以利用这种自省力来操纵对方，例如说服一个非常善于内省的人，被虐待是其自己的错）。他们还偏好与优秀的人相处，因为他们容易被对方的才华、力量、特别与独特所吸引；同时他们也病态地嫉妒我们的美好品质——因为他们在亲密关系中试图摧毁的正是这些品质。你不能试图摧毁从未存在过的东西，而自恋者试图摧毁这些品质，因为它们确实存在。

虽然我确实相信童年虐待会让我们在成年后更容易被具有虐待倾向的伴侣吸引，但这并不意味着受害者就活该承受这种虐待，或者这种虐待是他们自找的。说真的，任何有同理心的人都可能成为自恋者虐待的受害者，如果他们具备一些特别的品质，往往就更容易被自恋者当作猎取目标。对于"你也该为虐待的发生负部分责任"这种无知观点，不要理会，因为这完全是施虐者的责任。即使你受过创伤，发现自己被某种特定类型的人吸引，也不意味着你就活该被虐待。与其把注意力集中在受害者身上，不如把注意力集中在施虐者身上——他们才是真的专挑这类有过特定创伤、已经满心伤疤的受害者来狩猎。真正有病的是这些施虐者，而不是一心只为寻求建立健康的亲密关系的人。

没有人应该被虐待、欺凌或折磨。我们可以通过收回自主权来改变我们的生活，关注内在，设定更明确的个人界限，重塑我们的关系模式，而且不必因为受虐而责怪自己。要从自恋型虐待或过往的创伤中复原，我们就必须先将这两种纠结在一起的新伤和旧伤解开，然后再对它们进行疗愈。

成为自恋者的克星

几年前，在一个幸存者座谈会上，我向幸存者们请教，是什么让他们被自恋者视为避之不及的克星——哪些特长、天赋、心理资产、态度和行为，让他们成为虐待成性和"有毒"之辈自认倒霉的供给源。

幸存者们列出了一长串史诗级，令自恋者感到上火和挫败的性格特征，其中包括令人匪夷所思的幽默感和机智（这让话里带刺的自恋者自讨没趣），他们在恋爱过程中培养出的心理弹性，他们与他人感同身受的能力，他们聪明而机敏地揭开自恋者虚假面具的能力，他们与他人情感联结的能力，他们的求知欲，他们的自信，他们的敏锐，他们的同情心，等等——清单上尽是自恋者又恨又怕的美好品质。

我想到的是，我们身上经常被自恋者曲解成缺陷的那些优点——正是能把我们从自恋者手中拯救出来的东西——这就是自恋者在一开始便如此卖力地抹黑它们的原因。我还意识到一件更不可思议的事情：我们可以把这些优点跟自恋者用来对付我们的手段结合起来，从而帮助自己战胜自恋型虐待造成的创伤并以此为养料活出更强大的自己。

我们要反制自恋者，就必须学会以其人之道还治其人之身。我并不是在提倡我们也要变得像自恋者一样或者成为一个心狠手辣的人——完全不是。虽然会用到自恋者使用过的那些手段，但我们的出发点跟他们是完全不同的——经过无害化处理之后，这些手段会被用来帮助我们彻底摆脱自恋者的影响。你可以看看下面这些见解是否有参考价值。

在自恋者将你理想化并捧上高台之后，你也曾投桃报李地将他们美化为自己的守护天使。你曾经把他们——或至少是他们的虚假自我视为你一生的挚爱。

现在，你必须"贬低并抛弃"他们——如果你们还在以某种方式来往——无论是在你的脑海中还是在现实中。在这本书里，我对这些术语的诠释不会只局限在虐待的语境中，它们将被赋予不同的意义，以便更好地帮助幸存者理解如何跟自恋者解绑并开启属于自己的治愈之旅。

贬低自恋者　意味着找回现实视角，如实地看清自恋者本来的样子，而不再只是看到你理想中的他们（他们曾经呈现给你的虚假自我）。在本质上讲，这种语境中的"贬低"指打破你对他们虚假自我的滤镜，去认识和感知他们现实中的、虐待成性的真实自我。你能在本书第一章及第二章中找到帮助识别自恋型施虐者的隐性操控手段及其动机和意图的资料、知识及工具。

抛弃自恋者　意味着与自恋者断绝来往，或者只保持最低限度的来往——如果你们有孩子要共同抚养，有法律问题需要解决，或存在其他让你无法与自恋者彻底断联的情况。这包括给自己一场告别仪式，但不要给自恋者任何告别和释怀的机会。在第四章，你会获得更多关于断联的辅导。

重新理想化和自我供给　指的是用我将在第三章提供的技巧和工具，把自恋伴侣植入你大脑中的"有毒"想法连根拔起，释放掉沉积已久的情绪，并开始祛除将你与施虐者捆绑在一起的生物化学反应和创伤性联结。这还包括创造一种更健康、积极的信念，用自我赋权取代自我挫败的信念。

三角化　在这里的意思是欢迎新的伙伴进入你的生活，并于此期间为你撑起一个支持网络。一直以来，自恋者都在不断地把你卷入和其他人的三角关系中，以此强化他们自己的优越感。现在你必须用一个新的支持系统来使你和自恋者的关系"三角化"，以便核实自己的遭遇。这并不是为了让自恋者嫉妒，而是为了给自己提供疗愈所需的资源和力量。

由于你具备同理心和情感联结的能力，三角化还有一个额外的好处，那就是增强你的心理弹性。难能可贵的是，至少有那么一个知情人会在你身边支持你，能够把你从黑暗中拉回现实。要是有一整个社群的其他幸存者为你撑腰呢？那你就注定会立于不败之地了。我们将在第五章中展开说明具体如何连接上这些支持网络，同时摆脱所有已经失灵或"有毒"的、对你的情绪健康无益的社交网络（包括自恋者的后援会在内）。

逆转煤气灯操控　当自恋者试图欺骗你的时候，你可以利用对他们操纵技巧的了解（本书前两章提供了这些技巧的详细介绍）来使自己远离他们的操纵和控制范围。这意味着跟他们彻底或最大限度地断联，以免被他们用冷战、"筑墙"、贬低和操纵等手段拉回他们的心理游戏中。

面对自恋者的指责、投射和煤气灯操控等手段，你只需在心里阐述："我不信你的话是真的。事实并非如此。我了解真实的自己，只有我能定义我自己。"逆转煤气灯操控并不是针对自恋者的煤气灯操控，而是在驳斥施虐者的谎言的同时，立足于你自己的认知，和强大的真我保持联结。这将有助于缓解你的认知失调——与自恋型施虐者的相处中，你对现实的看法常常会受到对方的扭曲和操纵，从而难以避免地因此产生认知失调。

如果你在某些时候不得不与自恋者来往，甚至不过是开始在反刍与他们有关的一些回忆，都可以暂时创造出一个能充当盔甲的虚假自我。你在准备启动与自恋者的解绑程序并踏上疗愈之路前，必须先进入这个强大的、理性的自我模式。在断联或低接触期间，这种自我模式可能让你感到陌生，但为了防止被他们再次伤害并通过"一键重置"将你拖回"有毒"的关系中，你必须转换为这种模式。如果你必须和自恋者来往，就用这个自我来和他们打交道。本书将在第三章至第六章中详细讲解如何有效地做到这一点。

使用这个虚假自我能够让你产生自我保护意识、保持清醒和不被动。如果有必要，镜映①他们，就像他们在理想化阶段对你所做的一样，在他们回撤感情的同时撤回对他们的关注，而不是摇尾乞怜。但当他们试图把你拉回这段创伤关系中时，尽量不要镜映他们。不要分享你的秘密，也不要让他们探查到你内心深处的真实感受。事实上，我会建议你如果已经意识到你的伴侣可能是一个自恋者，就不要泄露任何关于你个人生活的事情。在自恋者有可能对你进行情感勒索或操纵的情况下，你有权对自己的信息闭口不谈。他们一直在玩心理游戏——现在轮到他们一无所知了。

---

① 镜映：自体心理学中的一个概念，指通过镜像一样的模仿，调整自己的行为态度至与对方同频。

最后，把自恋者看作你的供给源。你并不需要他们，因为你有其他获得关注的渠道——更健康的渠道。把他们看作已经枯竭的供给源，他们对你已经没有价值了，因为他们在亲密关系中不具备正常情感功能。他们是活在成年人躯壳里的巨婴，会对其他人造成实质上的伤害。

所以你瞧，这不是要你成为自恋者，把自己降格至和他们同一水平，甚至是反操纵他们，而是要你修正你因为自恋者而受到影响的思想、信念和行为模式，并将他们一开始用来诱骗你的手段改良成解放及疗愈自己的工具。幸存者的意志力远超自恋者的想象。被抛弃、没有什么可失去的幸存者，对于任何事情，只有想不到的，没有做不到的。

归根结底，自恋者害怕的并不是你具备在他们的主场游戏中击败他们的能力——跟没有愧疚心或同理心的人玩心理游戏注定赢不了。真正能让这些"掠夺者"感到震惊的是你有能力找到自我认可的途径并借此迈向了成功，将本应摧毁你的经历转化为了你绝地逆袭的动力。幸存者是怎么敢在霸凌之下又站起身来，还变得比从前更加强大的？哦，他们确实可以，而且他们也一定会做到。

安全地与"有毒"伴侣分手

现在我们已经掌握了很多关于这类人的信息，也知道与他们的长期关系可能不仅会以心痛告终，而且会对我们的生活产生持续多年的负面影响，我们的梦想将被摧毁，甚至个人声誉也可能毁于一旦。那么我们该怎么办呢？

任何曾经与施虐者谈过恋爱的人都知道，与这样一个"情感掠食动物"分手，简直有地狱级别的难度。

过去，我也因为同情心、同理心太强，以及不愿以恶意揣度他人而难以狠下心斩断这种"有毒"的关系，而且直到现在，我也在努力对自己进行"再改造"，以便在这种"有毒"的人面前能硬起心肠。我花了很长时间才学会如何及时和这种人分手或断交。许多幸存者开始疗愈之旅并不是因为自己主动结束了这段关系，而是因为他们的伴侣在将他们卷入虐待循环之后又无情地抛弃了他们——在这种遭遇之后，再有魅力、再有才华或再成功的人，其自我价值感都会跌入谷底。

无人能够幸免于虐待的侵蚀——无论你感觉自己有多强大和自信，多成功或富有——任何人都可能被击垮，感到如今的自己跟从前万丈光芒的自己比起来，就如同微弱的萤火之光。就个人而言，我和许多幸存者都有过交流，他们来自各行各业、背景不一，虽然每个人的创伤经历都不同，但他们几乎都是非常聪明、善于表达和积极进取的人。在我写下这些文字的当下，他们中的许多人正改变着世界。

不幸的是，要跟一个"有毒"、病态的人分手没那么简单，这可不像跟普通人的恋爱，只要你觉得和对方处不来，说声再见就好聚好散了。在正常的分手中，你大概率是不会忐忑到咬着指甲，战战兢兢地等着对方的抹黑行动的，也不会因为已经开始的抹黑行动而倍感压力；你不会疲于应对创伤性联结和生物化学层面的戒断反应；你不会因为伴侣毫无悔意或愧疚地迅速转向下一个目标而感到受伤，也不会因为对方的面子问题被其一次次回吸到关系里，又遭受一次比一次过分的抛弃。

与自恋者分手的理想程序是这样的：你应该尽量主动地与对方分手，在发现对方是自恋者时就立马行动起来，并与其完全断绝联系，承诺自己永不回头地继续新的生活，且永远也不再犯同样的错误。

天啊，这听起来简直太棒了，不是吗？可惜的是，虽然我鼓励对自己有信心的人采用这种分手程序，但从我的来访者们以及我的个人经历来看，这种标准化的理想程序对于某些人而言并不完全理想。无论如何，如果你能在此时此刻毫不犹豫地选择断联，请立即这样做，因为这是所有幸存者最理想的收场方式。然而，更可能的情况是，相当一部分人无法立即与施虐者完全断绝联系，还有的人在与施虐者的分手过程中波折不断。

与施虐者彻底分手需要花费不少时间和精力，你需要有足够的能量、资源、支持和决心——他们会消耗你拥有的一切，甚至更多。这是否意味着你不应该追求理想的分手结果呢？当然不是，我们应该追求比自己以为能够获得的最好的还要好的结局，并充分认识到我们的能量、力量和主动权。与此同时，跟这样的人分手必须格外小心，并时刻保持自我慈悲和务实。

与自恋型施虐者分手有 5 种主要方法，其中一些比其他的更有效。尽管施虐者在虐待手段方面大体上呈现出了诡异的相似性，但由于每位受害者的处境和拥有的资源不尽相同，因此可以根据具体情况来选择我所提供的这些各有优缺点的方法。

有些受害者可能与施虐者生活在一起，与施虐者一起工作，与施虐者共同抚养子女；有些受害者可能必须照顾自恋的父母或亲戚；而还有的受害者可能正面临威胁到人身安全的身体暴力。重要的是根据所处的环境和面临的情况，找到适合自己的方法。当然，我们的最终目标都是断联或最低限度地接触，但实现这一目标的方法不止一种。

1. 快刀斩乱麻

不要等时机合适再分手，要主动创造分手的时机。坚定地去行动，即使你的声音在颤抖，你的心在滴血，你的身体摇摇欲坠（能想象到我当时的样子吗？），因为以后你有的是时间处理情感上的破碎。现在，你只需要保证自己的安全。

这种方法被强烈推荐用于存在身体暴力或攻击性的虐待关系，甚至也可以用于非常严重、恶毒的情感和心理虐待。

记住，在一段虐待关系中，受害者准备离开的时候比以往任何时候都更可能受到暴力攻击，所以要特别小心。制订一个安全计划，如果你们住在一起，准备好你的基本必需品，如果你有孩子，带上孩子一起，告诉朋友或家人你的下落。如果你的伴侣有暴力倾向，尽可能避免任何面对面的冲突。

2. 渐进式戒断

这种方法适用于特别复杂的情况，特别是如果是在一段有孩子的长期婚姻中，或者你和你的伴侣共同经营着一家企业，又或者你们有法律问题需要理清楚等。有时，受害者与施虐者之间的创伤性联结过于难分难解，以至于对他们来说，快刀斩乱麻几乎是不可能的。渐进式戒断意味着你在制订分手计划时，需要给自己预留足够的时间和空间来进行"满灌式自我关照"、反思和最小化与前任的接触范围。如果你现在已婚，可以充分利用这段时间来确保你的财务安全，寻求专业支持，找一个了解 NPD 或高冲突离婚案的律师，并建立一个支持网络，以便事后能有所依靠。

不过这种方法也有缺点——自恋的伴侣可能会注意到你在准备分手了，随即可能会试图用甜言蜜语来回吸你，于是你也许就会上了对方的当而继续维持这段关系。这种方法能够成功实施的条件是，你们的关系中不存在肢体暴力的威胁，而且你必须清醒地意识到自己在被对方虐待的事实，即使对方再次使用理想化和甜蜜轰炸的手段，你也必须表现出好像什么都没有改变的样子配合表演，这样自恋者就拿不准你在做什么。如果想让已经起疑的自恋者放松警惕，可以假装自己是因为工作压力太大或遇到了其他很棘手的情况而不在状态。不要用这种方法来主动为一段虐待关系续命——它的唯一使命应该是帮助你削弱创伤性联结的影响，最终斩断"有毒"关系，使你重获新生。

3. 临界出击法

这更像是一种有预谋的分手，它意味着突破所谓的疼痛阈值。你不必刻意地做些什么来突破这一疼痛阈值。通常，在你一而再再而三地经历创伤的过程中，它会自然而然地发生。然而，如果你已经做好随时用残酷现实来警醒自己的心理准备，我建议你动手写一本简明虐待日志，把大大小小的虐待事件都记下来。如果这对你来说太痛苦了，就不要补充太多的细节，以免给自己造成精神负担，但如果你觉得全写下来对你有帮助，那就想办法巨细无遗地把这些事件一一记录下来，以便随时了解当下的状况。如果对方在社交媒体、语音留言或短消息中留下了虐待的证据，请保留这些证据，以便在实施断联后随时提醒自己不能妥协。

要用好这种方法，你得向自己保证，下一次你的伴侣只要表现出对你不尊重，无论程度如何，你都会立刻离开对方。这种方法最适合那些觉得自己已经濒临崩溃的人，只需要一点额外的助推来让他们突破忍耐极限，发出"我受够了"的呐喊。一旦你的阈值被突破，就立即展开行动，不要找任何借口，也不要用合理化的借口来拖延。同样，为了保证这种方法的有效性，你必须重新找回对于被施虐者轻贱的愤怒感，以便开始从心理层面与对方断联——将所有的虐待事件全部写下来，并把它们作为每日必读的参考资料。这样一来，你分手的动机和决心就会逐渐得到加强，即使对方在最后关头试图用回吸将你拖回去，你也能够坚定不移地离开。除此之外，你还可以向某个值得信赖、绝无可能被施虐者策反的人吐露你的计划。这可以让你形成一种做出了某种社会承诺之后的责任感，进而在计划的实施上更具行动力。

　　不仅如此，你还可以把它和之前的步骤结合起来组成一种双重保险——立场坚定的行动 – 牢不可破的契约，即对坚定立场去行动这件事定下牢不可破的契约——我有两段和自恋者的"毒性"亲密关系都是在这种双重保险的帮助下才最终得以摆脱的。定下了契约，你的立场就基本已经不可逆转了，否则你会尴尬得无地自容，转变立场的潜在后果能轻易将你的任何强迫性地想要"吃回头草"的念头掐灭在萌芽阶段。定契约的过程很简单，可以单纯地只是给选定的人发条消息，告诉他们你的尊严已经不允许你在这段感情里继续被如此对待了之类——确保你在这条消息中表达的分手决心足够坚定，坚定到如果到时候你反悔，会在他们跟前颜面尽失；也可以是删除你和自恋者的所有合照，修改你发布在社交媒体上的感情状态，让全世界都知道你恢复单身了，以及屏蔽掉对方所有的社交媒体账号，以防你忍不住再联络对方，或者直接跟朋友们说明你想要分手的事；还可以是跟你的朋友们或一个值得信任的朋友坦陈你正处于一段虐待性的关系中，你需要帮助以摆脱这种关系。你所选择的应该是一个可靠且愿意认可并支持你的决定的朋友，请这个朋友成为这份契约的执行人——如果到时候你还没有和自恋者分手，就让他督促你履行这份契约。我的例子仅作为参考，如果你决定采用这种方法，可以自由发挥创造力。你可以思考有什么事情会让你感到极度羞辱或者痛苦，以至于你几乎不可能食言并重蹈覆辙。这种契约应该根据你个人的优先级进行定制，因为我提到的例子并不一定对所有人都适用。

4. 灰岩法

"灰岩法"（Grey Rock Method）由凯拉（Skylar）提出，她认为受害者应该像石头一样对自恋者的操纵漠然视之，不给这些"情感掠食动物"任何反应，这样他们就会逐渐感到无聊。由于这些施虐者时时都需要高强度的刺激，最终他们会厌倦你，转而去寻找新的供给源。一般这种方法只用于被迫要与对方有所互动的情况。

如果把它用在分手中，较可能出现的情况是，自恋者最后会弃你于不顾，转头去寻找其他供给源，这能给你更多的时间和空间去反思、计划，最终摆脱这段关系。对于恶性自恋者、反社会者或心理变态者的伴侣来说，这种方法执行起来可能很难，因为有时候为了获得回应，他们可能会变本加厉。只有在你对先被对方抛弃不会感到不适，并觉得比起自己主动离开，被他们抛弃会更具可行性时，我才推荐你采用这种方法。

即使无法跟对方断联，你依然可以使用其他有效的方式来为自己赋权，并维持自己的主动权。

5. 拒绝"屁话"法

虽然这些"掠食动物"以高强度刺激为食，但他们中的许多人都无法容忍受害者捍卫自己的界限，因为他们无法从这样的受害者身上得到任何好处或反应。对这种方法最贴切的形容就是它是一种"停手"方法。对于那些被迫要与自恋型父母、朋友，甚至职场恶霸互动的个体来说，这是一种相当理想的方法。（在可能遭受肢体暴力的情境中，不要使用这种方法。在你觉得安全的情况下才能使用它。）

拒绝"屁话"法适用于那些对跟自恋者（得体而坚定地）

正面冲突没有任何道德顾虑的人，也适用于可以没有心理负担地，在他们胆敢因为你戳破了他们的鬼话而试图对你进行煤气灯操控或贬低你，又或是用他们那一套诡辩来继续争论时，以其人之道还治其人之身地通过筑墙来让他们尝尝冷暴力和热脸贴上冷屁股的滋味儿的人。再次强调，这不是真正的冷暴力或筑墙——实际上这是一种与总是伤害你的施虐者保持安全距离的自我关照。冷处理是受害者最好的伙伴，你可以借助它来对已经设定的界限进行完美强化。

你在恋爱初期设定界限和底线的时候就应该用上拒绝"屁话"法。这一切都是为了告诉自恋者什么是你不能容忍的，以及如果他们强迫你以某种方式互动，你将不会多跟他们废话。最重要的一点是，无论何时，自恋者一旦越界，你就会真的终止互动。

使用这种方法时要小心，因为一些恶性自恋者对于这种自我防卫的反应很激烈——作为回应，他们可能会有自恋暴怒和自恋损伤的表现。不过，我从一些受害者那里听说，这种方法在喝退自恋者方面很有效，特别是如果你在操纵的早期阶段这样做，因为这个阶段他们不怎么拿得准你是否是一个好拿捏的目标，所以更容易心生退意。

对于一些自恋者来说，这是他们的克星，他们无法与这样的人保持恋爱关系。他们将寻找更容易得手的猎物和"更好"的供给源——那些会继续相信他们的谎言和假面的人。

拒绝"屁话"法适用于约会的早期阶段，如果你已经在这段关系中投入大量感情，这种方法就很难起效，因为自恋者已经掌握了你的弱点。

另外，这可能会导致自恋者突然变得迷恋受害者，因为现在的你变成了一个令人兴奋的挑战，让自恋者重新燃起了征服欲，期待以一种比以往更恶劣的方式摧毁和抛弃你——这与你的目标背道而驰，所以如果你的情况属于这种，这就是最终的后果，我建议你立即改用其他有效的方法。你最不需要的就是一个看似爱意满满实则试图把你回吸到充满烟幕弹、煤气灯操控和镜映的创伤阴影中的自恋者。

由于反操纵只在短期内有效，而不能作为长期的解决方案，所以我不像推荐其他方法那样十分建议你使用这种方法，尽管如此我还是想把它放在这里作为一种选择，因为许多自恋者如果发现你对他们的计划了然于胸，最终会将你抛下。在那之前，由于你已经用了足够多的时间来练习如何不为他们所动，甚至学会了在虐待事件开始之前就掐断它们，你将能够昂首挺胸地离开他们。

关于经济虐待的注意事项：施虐者认为他们的钱是他们的，你的钱也是他们的。自恋型施虐者不仅会在微观层面接管受害者的生活、情感、思想、事业和信仰体系，他们还会接管受害者的资产。要小心，永远不要"贷款"给正在和你约会的人，甚至正在和你恋爱的人，除非他们的品格和正直表现经受住了长期考验。如果你跟一个自恋者结了婚，条件允许的话，去开一个单独的银行账户。

如果你正在和一个自恋者办理离婚，雇一个离婚财务规划师，确保你的信用和财务文书记录都是良好的。尽可能保持独立和安全。在一个安全的地方保存好你的财务文件记录。因为自恋型施虐者对你的需求没有同理心，他们会尽一切力量耗尽你的每一种资源，这样他们才能占据上风。

不管你选择以什么方法结束与自恋者的关系，请记住，你的目标仍然应该是摆脱这段关系，而不是对付它，也不是主动延长它，更不是再次美化它。你甚至可以在日历上圈出"分手日"，这样你就会觉得这是注定会到来的一天，即使现在你还没做好立即采取分手行动的准备。

抛弃自恋者：为最后一仗做准备

建立关系之外的个人生活——参加活动（activities）、结交朋友（people）、找到意义（purpose）——"APP 法"。

在理想化阶段，我们的生活完全就是在围着自恋者打转——我们想要无时无刻跟他们在一起，互发可爱的短消息，接打情话绵绵的电话和共赴刺激的约会。正如你了解到的，我们与他们建立了重要的、有生物化学基础的联结。这种联结通过催产素、多巴胺和肾上腺素等让我们上瘾的物质，将我们与自恋者绑定在一起，让我们觉得自己坠入了爱河。在我们已经被扭曲的认知中，自己如果没有这个人的关注、支持和甜言蜜语就好像要活不下去了。

在这段时间里，你可能已经把生活中其他重要的活动都搁置在一边了——比如和朋友的约会、每周的瑜伽课程、学校作业，甚至是正职工作，只为了能持续迁就自恋者想见到你，和你说话，和你待在一起的愿望。然而，他们所有的这些表现都并非出自真心，而是为了借此满足自身对于人际操纵的需求。一旦进入贬低阶段，你就会意识到自恋者对你越来越不上心，他们投入的感情也越来越少。此时正是你重拾生活的最佳时机。"APP 法"可以让你充分利用好这段时间，我称其为 APP 法——参加活动（activities）、结交朋友（people）、找到意义（purpose），它的关键在于对以下几点进行整合。

参加健身活动　以抵消应激激素皮质醇的影响，以及为我们内在的"肾上腺素瘾君子"提供获取肾上腺素的替代渠道。瑜伽、跑步、普拉提、跳舞这些活动都能促使我们的身体释放内啡肽。比起依赖自恋者来获取快乐激素，这种自给自足的方式明显要安全可靠得多。

社交和创造性活动　列出 5 项过去你在遇见自恋者之前涉猎过且想重新参与的活动，并在下面写出你想要初次尝试的 5 项活动，每周从这两份清单中各选一项活动参加。例如，重新回到以前参加过的瑜伽班，同时开始和一个懂你并支持你的朋友一起尝试攀岩，独自一人或与朋友一起参加有氧舞蹈课程，然后重新开始写诗等。这些新的和旧的活动能激活大脑中的多巴胺，让你的肾上腺素激增，这样你就不会再觉得需要继续依赖自恋者及你们之间的成瘾性联结来满足对这些激素的渴求了。

这些活动还将让你能够有时间与其他人建立新的人际关系，并为你提供必要的空间与时间与自己重新建立联结。注意：在每一项活动中，尽可能确保你的手机处于关机状态，这样你就不会在活动过程中继续与自恋者有任何联系。这些是你的专属时间，不要被他们的掠夺行为打扰。你花在这些活动上的时间越多，你花在自恋者身上的时间就越少，从而得以逐渐将自恋者从你的生活中剥离出去。

结识新朋友　我不建议你在这个时候和其他人进行正式的约会，因为这只会造成更多问题，而且你不会想要把新的暧昧对象牵扯进这段你正在努力撇开的虐待关系中。在创伤的影响下，此时我们更有可能会出现过度警惕以及情绪崩溃的情况，所以很难清楚地判断一个人是否有成为我们未来伴侣的潜质。接受各种活动的邀请，例如社交活动、与学校相关或与工作相关的活动，到新开的商场和饭店转转，多去认识些新面孔等。

找到意义——重新找回你的人生意义　在与自恋者交往

后，你搁置了哪些梦想、目标或才能？是成为一名职业舞者的目标吗？那就去上舞蹈课。是成为下一个畅销小说家的梦想吗？那就动手开写吧。是为了成为一名教师而回到学校提升学历的计划吗？那就去做吧。

如果你已经活成了自己梦想中的样子，那就保持下去；如果没有，那就从现在的工作中抽出时间来实现这个梦想。这将深刻地改变你的自我认知，并使你能够从那些让你陷入困境的"有毒"个体之外的其他事物中发现喜乐、希望和新生。如果你不确定该从哪里开始，我会建议你先尝试去从事某项或数项社会公益事业的志愿工作，这将帮助你将注意力集中在如何运用自己的技能、才干和天赋来帮助服务社会上，以及你对于哪些事业更有奉献的热情上。

自我宽容和冥想　在这段时间里，对自己保持宽容是相当重要的。每天至少花 5 分钟听一段包含自我宽容和自我关爱练习的冥想引导或做一段同类型的呼吸冥想，其中需要含有像"我原谅我自己""我爱我自己""我完全接纳我自己"这样的引导语。重点应该被放在原谅你自己，而不是原谅你的施虐者上面。当然，如果你还想用冥想来"释放"虐待的"余毒"，也大可一试，它会是一种很好的解毒剂。

笑　笑有助于降低皮质醇水平，并已被证明对健康大有益处。找到一些能让你开怀大笑的事情，并将它们培养成习惯。读一些讽刺文学作品，观看轻松诙谐、不用动脑子的电影和电视节目，看一场喜剧表演、听现场脱口秀，和你最有趣的一群朋友一起玩，或者回想你人生中笑得最开怀的时刻。你甚至可以尝试"大笑瑜伽"，学会把大笑和瑜伽动作调和起来，收获双倍的效果。

音乐[①]　通过自主选择有所感应的音乐，我们可以从中汲取自己想要的情感力量。听音乐可以帮助宣泄情绪，治愈心灵，而且已经有研究证实，抱着改善心情的目的去听欢快的音乐真的能够提振我们的情绪，只是要注意别去听那些会刺激到你的音乐。当施虐者试图挑动你发火并继续和他们纠缠时，不要理会，戴上耳机投入你最喜欢的励志歌曲中。如果你和一个自恋者生活在一起，并且正在制订计划摆脱他们，这种方法正好能够派上用场，此时你完全可以借助音乐的力量来屏蔽对方对你的影响。音乐不仅可以帮助你释放情绪，还可以将你的大脑重新定向到你想要进入的任何情绪状态中，这简直是一举两得！

---

① 一些患有创伤后应激障碍或复杂性创伤后应激障碍的个体对音乐可能会比其他人更敏感，所以请根据你的具体情况对这些建议进行调整。如果出现了任何形式的严重反应，请务必咨询心理健康专业人士。

疗愈自恋型虐待创伤的 11 个步骤

　　自恋型虐待创伤的疗愈不仅复杂且涉及多个方面，每个人的疗愈之旅也各不相同。不过，我发现通常的疗愈之旅普遍包含 11 个步骤。接下来，我们将逐一对它们进行探讨。

1. 识别病态和虐待性的自恋特质和行为。

2. 意识到自恋者与自己不一样，对方并不具备道德和共情能力。

3. 识破自恋者通过煤气灯操控和投射制造出来的扭曲现实，认清并确认自己的真实处境。

4. 构建一个坚实的支持网络，把那些能够理解你和督促你离开自恋者并斩断关系的人聚拢在身边。

5. 断联或仅保持最低限度的接触——这取决于你是否需要与自恋者共同抚养小孩或有其他需要沟通的法律问题。

6. "三管齐下"地对身体、情感和精神进行满灌式的自我关照，以此开始疗愈虐待造成的影响。

7. 创建"翻转话术"来重写自恋者给你编造的脚本——这对遭受过严重口头虐待的受害者尤其有效。

8. 找回"失落的"创伤前的身份认同，如果无法实现，则尝试连通到超越创伤的灵性自我，与此同时，留出一些空间给创伤后成长（post-traumatic growth）。

9. 在疗愈期间，通过传统的和替代性的治疗方案清除潜意识中的自毁程序和成瘾或自我破坏行为。

10. 对你的体验进行建设性的重构，以便能促进你个人发展并使你所处社群获得更宏观层面的发展。与其他受害者分享你的故事，并将你的经历转化为有益于整个受害者群体的前车之鉴。

11. 重置你的目标、爱好、兴趣、激情和人生意义，将生活重塑为你理想中的样子，同时将你过去的苦难转化为成功的动力。

第四章

你能赢的游戏

自恋者从小就争强好胜。受到病态嫉妒的驱使，他们想要通过摧毁我们最大的长处和优势来赢得游戏。他们每天都在争——在谈话中争，通过贬低和抛弃受害者来争。在《游戏改变人生》（*Super Better*）一书中，简·麦戈尼格尔（Jane McGonigal）提出了用游戏的思维来生活的绝妙观念——设置奖赏系统对每次"能量升级"进行奖励，使用我们的"超级优势"击败坏家伙们，并在完成一个新的生活挑战后为自己加分。

我希望你也能运用这种游戏思维来应对出现在你生活中自恋者，无论对方是你的伴侣、父亲、母亲、老板、同事，还是朋友。自恋者总是争强好胜，并把生活中的一切都当作一场游戏。从现在开始，你也这样做——但这不是那种以争第一为目标的小游戏，而是一个赌注更大的游戏——你将来的生活质量和幸福都包含在了赌注里。

如果自恋者是你游戏中的超级反派，那么只有一种方法可以"打败"他。他的最终目标是摧毁你，摧毁你努力建立起来的自尊和成功，摧毁你对爱情的信心和你的自我价值感。为了拯救你和你的"王国"——从你的现有资产到你与朋友的关系，再到你的生意和事业——你所建立的一切，你必须先盘点清楚你和对方目前各自所拥有的"技能点"。每一个小小的胜利都能为你加分，让你逐步为最后的战斗做好准备。决战时刻到了。

盘点清楚自己的弱点和优势以及自恋者的优势和弱点会很有帮助。我已经做了一份示例清单来帮助你选择最适合放在清单中的几类项目。

你的弱点清单

自恋者会专挑你的弱点下手，以确保能够使你沉溺在这段关系中。盘点你的弱点将有助于了解在自恋者试图以各种方式攻击你时会触发些什么。一旦你了解到了被触发的是哪个弱点，你就能找到相应的优势来抵抗针对它的攻击。

列出你的至少 10 个弱点。举例来说，我在过去关系中的一些弱点可能包括以下内容。

- **我对自恋者的同理心** 我会与自恋者共情。由于自恋者经常都是假情假意或者只有肤浅的情绪感受，与他们共情使我更容易受到他们的攻击，也更容易被虐待循环的蜜月期所影响。

- **我对自恋者的"爱"和同情**　就像我的同理心一样，在面对自恋者时，我的爱和同情让我麻烦不断。问题在于我与自恋者的快乐回忆是扭曲的，因为与我共享这些回忆的是一个并非真心在乎我的人——所以真正让我产生这份爱意的其实是自恋者伪造出来掩饰自己真实自我的面具——这个冒牌货从头到尾都在欺骗我的感情。

- **我的过去**　童年的创伤为我遭受自恋型虐待做了"事先准备"。自恋者利用我从小就害怕被抛弃的最深层的恐惧，让我陷入虐待的循环，无论他们多么恶劣地虐待我，我都继续努力地取悦他们。

- **性吸引**　我和自恋者之间存在一种强烈的、相互的性吸引。这种性吸引在创伤性联结和生物化学因素的作用下令人难以抗拒。与施虐者进行身体上的接触往往能将关系复位到初始状态，本质上，这就像按下了一个重置按钮。

你的优势清单

你的优势是什么？我们都有自己的优势，这些厉害的品质最终会让你成为自恋者最可怕的噩梦，但你的某些优势有时也会变成你的弱点，使你容易落入自恋者的陷阱。例如，我和其他一些受害者都具有的部分优势如下。

- **我对除了自恋者之外的其他人都有同理心**　和他人共情的能力是一种天赋，这是自恋者缺乏的，许多自恋者都希望他们能有感受情感的能力。我可以借助我的同理心向其他受害者分享我的故事来帮助他们，我可以依靠自己的同理心对被牵扯进我与自恋者的感情的人们表示体谅，并停止嫉妒——他们也是跟我一样的受害者。我可以运用自己的同理心，在自恋者无法企及的层面与他人建立更深层次的联结，建立把自恋者排除在外的社交网络和人际关系。这能让我变得更强大，进而得以离开自恋者。

- **将任何不幸转化为动力**　我能够在任何处境中找到可以为我所用的东西，并将其导向更高层次的共同利益中。我可以将任何不幸转化为动力，而且我以强大到不可思议的创伤后复原力而闻名。这意味着我可以将自恋者对我造成的任何痛苦经历作为燃料，作为动力，作为知识和智慧的源泉来回馈社会，并为大家提供更加深刻且全面的关于自恋型虐待的信息。我生成这种"超能力"的能力，使我能够把自恋者用来对付我的任何超能力转化为自我改造和改变世界的工具。我每多帮助一个受害者从自恋型虐待中学到东西，我就在这世界上多点亮了一盏明灯来帮他们对抗黑暗。

- **即使在最黑暗的时刻我依然具有幽默感** 虽然笑的产生有时机和场合限制，但真要说起来，在我的创伤之旅中，我总是能够用自己的幽默感来"减轻负担"。我的社交账号的观众可以证明这样一个事实，即我会在承认自恋型虐待的严重性及其潜在伤害性的同时，依然尽可能地保持轻快和诙谐，这使我即使身处于漫无边际的黑暗中也能与我人性的一面保持联结。这也让我看到自恋者作为"掠食动物"滑稽的一面——他们荒谬的表演常常是古怪而可笑的。

- **我对知识的渴望** 我不会只停留在事情的表象上，而且总是在寻求方法来更好地理解自己的经历，以及其他人的意图和动机。我研究自恋型虐待已经有挺长一段时间了，现在我终于摸清了这种虐待的本质。正因如此，对于施虐者的借口我几乎从不买账，也不会自欺欺人地相信虐待事件并非真正的虐待。了解自恋者的谋划和手段，让我得以从虐待的第三视角看穿自恋者的真实面目，而不被他们假装出来的样子所蒙蔽。

自恋者的"优势"清单

● **能够毫无愧意地专挑弱点下手**　自恋者会花很多时间"研究"受害者，尤其是在甜蜜轰炸阶段，他们会和受害者分享自己的秘密，并勉强受害者也向他们分享自己的秘密。他们会为每个受害者量身定制一套"程序"，以便能够拿捏住受害者的痛脚，以一种不易被察觉且极具操纵性的话术来对受害者进行言语虐待。

　　他们用同样的手法把受害者捧上高台，受害者爱听什么他们就说什么，受害者理想中的伴侣是什么样他们就伪装成什么样。当然，他们也知道如何把受害者从高台上拽下来，以及什么样的贬低能对受害者产生最大的杀伤力。他们知道受害者全部的不安，受害者最深的创伤和最大的恐惧。自恋者的底线就是没有底线。由于不具备同理心，他们完全没有反躬自省的意识，也不会在制定好打败受害者的策略之后三思而行。

● **对外有着迷人的公众形象**　在你打算离开自恋者或试图与他们划清界限时，要准备好承受来自外界声音和观点的干扰。自恋者通常会花费大半生的时间来为自己打造一个"伟、光、正"的形象，因而对于离开自恋者的这个决定，除了其他受害者的支持网络之外，受害者往往无法从其他任何人那里获得理解与认可。所以重要的是要找到一个能够提供理解和支持的咨询师和受害者社群，以便当你内在的指导被来自外部世界的声音干扰时，有可以求助的对象。

● **对人类行为的本能了解**　自恋者和反社会者的优势在于，他们能够以一种冷血动物般不带任何感情的视角来观察和研究他人。他们花大量时间分析和研究正常人的感情机制是怎样运作的，因为他们必须学会模仿正常人类的情感。他们知道怎样才能用创伤性联结将受害者拴在身边——他们会利用自己的不可预测行为作为"圈套"，将受害者套牢在他们的虐待中。

自恋者的弱点清单

● **自我厌恶**　尽管自恋者自视甚高，但他们其实讨厌和害怕真实的自己。虽然许多自恋者认为具有同理心的人都是"可悲的"，认为自己因为不受同理心的束缚而占到了先机，但在内心深处，他们中的许多人也在鄙视自己永远麻木的情感和空洞的内心。他们就像是以人类的情感为食的吸血鬼一样，一直都需要依靠受害者的情感供给汲取新鲜的血液。他们只能通过成为寄生他人的病毒来获得能量，他们自己是毫无生气的，他们知道这一点。自恋者无法产生自己的能量或生机。他们害怕自己的病态和异常，并且厌恶这样一个事实：虽然他们可以假装融入社会，但他们永远无法真正成为社会中的一分子。看破自恋者的虚张声势，了解他们真正异于常人的地方，让我们得以占据上风，因为我们可以完整地感受到对自恋者而言可望不可即的人类情感和爱。

- **无法忍受冷漠**　他们受得了仇视，因为这让他们确认了自己有能力控制和挑衅受害者，并将受害者拉下深渊，和自己一起在痛苦中煎熬。这让他们能感受到一点儿爱的快乐，尤其是在理想化阶段，因为这证实了他们的假面具有强大的杀伤力。冷漠？冷漠意味着没有能量、没有反应、没有机会毁掉某人的生活或他们一整天的心情——受害者连个多余的眼神都没有给他们就继续往前走了。这会让他们心如死灰，因为他们已经失去了这个供给源，再也无法肆意玩弄对方的感情。游戏玩不了多久了，尤其对于那些极重外表的躯体型自恋者（somatic narcissists）而言——他们最终会变老，失去自己引以为傲的青春和美貌。随着年龄的增长，自恋者丧失了一部分力量，并失去了他们曾经对受害者的控制力，如果他们依然固执地不接受任何治疗或修正自己的行为，曾经崇拜他们的人这时候就会开始鄙视他们。

● **情感联结缺失**　他们肤浅的情感无法与我们和世界建立的深层情感联结相提并论。我希望有一天所有幸存者都能与健康的伴侣建立深厚而持久的关系。有些人已经成功了，我很高兴收到幸存者的好消息，他们会告诉我他们的新伴侣是如何温柔、充满爱意并与他们相敬如宾——总之，就是与前任截然不同。无论其他人如今的感情状态如何，我肯定大家都有能力，也都值得过上幸福、健康的感情生活。与那些不愿接受治疗的自恋者不同，我们天生就被赋予了与包括其他幸存者在内的所有人共情并建立有效联结的本领。当我们彼此靠在一起时，发出的声音会更有力量。就我所知，有许多幸存者后来都找到了共度余生的那个人，和他们一起建立了更健康、稳定的亲密关系，有的还步入了婚姻。尽管有过被自恋型虐待伤害的经历，但我们有改变、成长和自我更新的无穷潜力，而那些往往从小就有情感缺陷的自恋者则没有这些能力。我们拥有他们所没有的力量，我们才是真正独一无二的人。

建立你的免疫屏障

我从小就喜欢看《圣女魔咒》(Charmed)。这部电视剧讲述了厉害的女巫三姐妹利用她们的超能力击溃了一个个恶魔，同时她们也和普通人一样周旋于自己的爱情、工作和家庭之间。这部电视剧鼓舞了很多当时像我一样的青少年，那时我常常希望自己也能有神奇的力量来摆平自己的创伤和坏家伙们。

长到某个年纪，我突然意识到为什么自己会对这部电视剧如此着迷：成为一个像三姐妹一样的女巫意味着无论恶魔有多强大、多邪恶，自己都有把它揍趴下的能力，自己可以施展"咒语"，转变不理想的处境，并且无论如何都努力追随自己的使命。

在生活中与"有毒"的人做斗争时，我们也应该这么去做。我们必须下定决心去打败对手，锻炼我们自己的情感、精神和智力弹性。我们必须"施咒"，这在某种意义上就是说，我们必须重写自恋者给我们编造的脚本，重写任何霸凌者强加给我们的人生脚本。把积极的肯定陈述和唱诵词想象成你神奇的"咒语"，它可以帮我们建立免疫屏障，抵御那些试图摧毁我们的"有毒"的霸凌者。

我们必须重写自己的脚本，不管别人怎么说或怎么想，我们都要认识到自己是多么的特别和独一无二。建立针对

"有毒"人群的免疫屏障需要我们花时间去练习，并要有坚持下去的决心。无论面临多少挑战，我们都必须每天努力利用我们的优势和我们对自己弱点的了解，建设性地往可能的战斗方向前进。

这里有一些方法可以帮助你开始建立对"有毒"人群的免疫屏障。

- 停止寻求他们的认可和赞赏。每天对自己完成的、每一件值得骄傲的事进行认可并为之庆贺。

- 对你真的不想做或没有时间做的事情说"不"。

- 每当有人欺负你或贬低你时，为自己挺身而出——你已经不是从前那个"软柿子"了。

- 对自己的缺点和弱点保持幽默感，同时对自己的优点和价值保持平常心。这样，当有人试图贬低你的时候，你可以一笑置之，而不是让那些"有毒"的人因为伤害了你而沾沾自喜。

- 练习跆拳道或武术，以此释放被压抑的愤怒。这些愤怒可能源于你的一段被虐待的经历，或从前遭遇的其他不公与伤害。将你的力量通过身体展示出来，这可以让你意识到自己真正的实力有多么强大。

- 享受愉快的独处时光，并将其作为自我关照契约中不可妥协的一部分。无论是洗个热水澡、慢跑、做瑜伽还是写作，总之要暂时断开与世界的联系，给自己一个只有"我"的约会。去一些放松的地方或新的地方，花些时间和世界上最珍贵的人在一起——你自己。

根除取悦他人的习惯

取悦他人的症状包括但不限于：你心里在说"不"的时候嘴上却在说"好"，放任别人不断践踏你的界限而没有坚持自我，以及"表演"出与真实的自己不相符的性格特质或行为等。这些行为会使积压多年的宿怨在遇到导火索的时候爆发。你已经厌倦了一直扮演《化身博士》里的老好人杰基尔（Jekyll），于是你转换人格，变成了升级版的邪恶的海德（Hyde）来释放你内心一直在暗暗涌动的怒火。

撇开玩笑话不谈，取悦他人正成为我们生活中一种可悲的流行病，而且这种现象不仅仅局限在遭受同辈压力的青少年群体中，我们都曾在某些时候这样做过。在社交场所中，取悦他人这种事几乎是免不了的。然而，如果我们从小就被教导要避免冲突、学会顺从，那么取悦他人这个习惯可能就很难被根除。想想那些在虐待型家庭中长大的孩子们，如果他们被教导无论何时，只要他们惹恼了掌权的人，就都会因为坚持自我而受到惩罚，他们就可能会下意识地被设定为用顺从来处理在未来的人际关系中可能面临的冲突。

　　成年人可能会把这种取悦他人的行为做到极致，以至于即便朋友和伴侣不能满足他们的需要，他们也无法坚定地从这些人身边跑开，并且往往会戴上一张"人格面具"，而不是展现真正的自己，因为他们害怕别人对自己有不好的看法。这会使我们在超负荷满足他人的需要和欲望的同时，忽视我们自己的需要和欲望。本质上，取悦他人剥夺了我们进行自我关照以维持身心健康的能力和权利。

虐待关系中的取悦 VS 自我关照

　　在虐待关系中，取悦施虐者无疑会让情况变得更加复杂，因为这种关系的动力是如此有害，以至于在认知失调、斯德哥尔摩综合征和煤气灯操控面前，受害者很难果断地转身走人。这时候，取悦行为会让受害者受困于恶性虐待循环、无法走出的厄运。

　　然而，取悦他人确实会使人们更容易忽视早期虐待关系中的危险信号——如果你的伴侣是个隐蔽的操纵者，就更是如此了。如果在施虐者面前我们总是如履薄冰，就可能被对方用条件反射训练成一个习惯性的取悦者。这就是为什么明确自己的界限和价值观对于自我保护极其重要，因为只有这样我们才有空间去聆听自己的直觉，特别是当它对我们发出大声警告的时候。在与施虐者断联的过程中，尽量克制取悦他人的冲动也是至关重要的。

疗愈的一部分就是重新定义我们取悦他人和取悦自己的方式。这里有一个革命性的想法，如果我告诉你，你的需求和欲望和你极力想要取悦的人的同等重要，甚至你的更加重要，你会怎么想？如果我告诉你，你的整个存在——你的目标、你的梦想、你的感受、你的想法，在某种程度上都是正确的、合理的，而且需要被重视，你会怎么做？如果你的所有需求跟你想要取悦的朋友或者你想要得到认可的父母的需求一样重要，你又会有何感想？

取悦 VS 拒绝他人

我们所有人都会不时地向外寻求认可，并且我们中的很多人都怕如果一旦展现出了真实的自我，就会被别人嫌弃和拒绝。我们是如此努力地在避免被拒绝，最终我们却自己拒绝了自己。一旦这成为一种长期习惯就会出现问题，我们会变得容易受到操纵、剥削和陷入依赖共生关系。当你不尊重真实的自己时，你就剥夺了别人看到你真实自我的机会，剥夺了他们根据你真正的优点而不是你的人格面具来评价你的权利。

还记得飞机上关于父母在给孩子戴上氧气面罩之前要先

给自己戴上氧气面罩的规定吗？原因很简单——我们必须先照顾好自己，然后才能照顾好别人。如果我们耗尽自己的能量到了山穷水尽的地步，那么我们就根本无法帮助别人。

尽量避免取悦他人的第一步是彻底接受被人拒绝是不可避免的现实。我们不能也不应该试图取悦每一个人，有些人会喜欢你，有些人会讨厌你，其他人会因为他们自己的原因和偏好而公开仇视你。你猜怎么着？没关系。你也有权利这么做。你也不必喜欢每个人或认同每个人。你也有自己的偏好、判断、偏见、感受和对他人的看法。不要害怕被拒绝，相反，你应该拒绝那些拒绝你的人，然后继续你的生活。

不要为了取悦别人而削足适履——过于追求他人的认可，会让你不可避免地遭遇失去自我的风险。你变成了一个受到各种傀儡师的需求和欲望牵引的傀儡。在最极端的情况下，取悦他人既折寿又折福，使你未老先衰并出现心理健康问题。因此，停止喂养你的坏行为，并开始培养你的真实自我！

第五章

断联之旅

如何进行有效断联

彻底断联意味着不以任何方式或通过任何媒介与对方互动，无论是面对面的还是虚拟的互动都应该避免。因此，我们必须将对方所有的社交媒体网络中移除和屏蔽，因为这个"有毒"的人很可能会试图通过在这些平台上更新自己分手后的生活来刺激和挑衅你。你还必须全方面拉黑对方，以免他通过发信息、打电话或发电子邮件联系你。此外，你还要避免受到通过第三方或其他间接途径了解对方现状的诱惑。从现实生活中和数字世界中清除会让你睹物思人的一切东西，包括照片、礼物和纪念品等。

无差别地拒绝对方提出的任何见面要求，也别去对方常去的地方。如果这个人通过其他方式跟踪或骚扰你，而你又觉得诉诸法律也并无不妥，那就行动起来。永远把安全放在第一位。如果你因为法律问题或孩子的关系必须和前任保持联系，尽量仅保持最低限度的接触（能避则避）。

我也强烈建议你，如果可能的话，与对方的朋友们也断绝联系，并在所有的社交平台上将他们拉黑。我明白你可能在恋爱过程中与这些人建立了很好的友谊，但如果你的前任确实是自恋者或反社会者，他可能会在大家面前抹黑你，因此你不太可能从这些人那里获得任何理解或支持。

不幸的是，自恋者的后援会成员终归都会被他迷人的表象和虚假的自我所蛊惑。不妨把对方的"朋友"（其实更像是供给源）想象成永远都处于理想化阶段，没有经历过贬低和抛弃的受害者——他们不太可能相信你被对方虐待的说法，甚至可能被自恋者利用，对你进行回吸、三角化，刺激或操纵。最好和他们彻底断绝联系，建立一个与施虐者毫无牵扯、专属于自己的支持网络。

如果你的朋友被自恋者蛊惑了，并且拒绝相信你被虐待，请立即与他们断绝联系。如果这些人罔顾你们多年的交情，这么轻易就被自恋者策反，那么他们就不是你真正的朋友。这也算是让你间接知道了哪些人才是你真正的朋友（说不定，他们自身可能就是自恋者）。如果他们是好人，相信他们会及时看清自恋者的真面目，不过这也许需要花费他们数年的时间，所以你最好还是将精力放在新建一个与自恋者毫无瓜葛的人际网络上。

把断联坚持到底

如果在断联期间有所动摇，有很多方法可以帮助你继续坚持下去。你可以用各类有趣且愉快的活动排满每周的日程表以转移自己的注意力，比如和朋友聚会，看喜剧表演，按摩，远距离散步，读一些自助类的书，比如纳塔莉·卢（Natalie Lue）的《断联守则》（*The No Contact Rule*）。你需要在屏蔽跟自恋者有关的一切因素的前提下，让自己的大脑新建立一些奖赏回路。

照顾好自己的身体与心理健康，坚持每天锻炼，早睡早起，保持生理节奏的平衡，通过瑜伽练习强健身体和缓解压力，以及依据自己的喜好制订一个每日冥想计划表。

如果想让自己更好受些，可以找找与不良及"毒性"亲密关系相关的在线论坛。加入这样的论坛能让你有一个社区和支持网络可以依靠，帮助你保持断联。与此同时，你也可以去支持那些和你一样正处于纠结中的人。如果你在和自恋的伴侣或朋友的相处中，有一些自己不太能确定是否是虐待性的互动经历，也可以问问其他有经验的人的看法。

在这个过程中不要抗拒你的哀伤，因为你早晚都要面对它。你越是抵制消极的想法和情绪，它们就越会阴魂不散——事实就是如此。学习接纳你的情绪，承认疗愈之旅中的哀伤阶段是无法回避的。我建议尝试哀伤练习，并遵守执照哀伤治疗师苏珊·埃丽奥特（Susan Elliott）撰写的《疗愈分手的痛》（*Getting Past Your Breakup*）一书中的"切割原则"。

正如前面提到的那样，最重要的是通过练习对当下时刻保持绝对的接纳和临在，学会以正念来应对你想要恢复联系的渴望。要知道，旧瘾复发是成瘾循环中难以避免的一部分，如果你在任何时候和自恋者恢复了联系，记得要原谅自己。在这种自我宽容练习之后，你才能从摔倒的地方重新站起来。

在日记中记录你想要和对方恢复联系的冲动是很有帮助的，这可以抑制你的冲动。确保在你冲动行事之前，至少给自己一个小时的冷静时间。在你意识到重新联系不会有任何好处，只会带来痛苦的教训之后，继续保持断联就会变得容易一些。

断联的疗愈力量

斩断有毒的关系后，我们往往会有一段时间感到不知所措，觉得自己快要应付不来了。即使我们从逻辑上知道被虐待或伤害不是自己的错，但被情绪裹挟时，我们可能会按捺不住胡思乱想。就像前面提到的，创伤性联结是在感情色彩强烈的共同经历的作用下形成的双向联结，通常会让我们长期与施虐者绑定在一起。不仅如此，虐待导致的依赖共生关系、低自尊、无价值感等，也一早为我们在关系中的身不由己埋下了祸根。

断联能够为你提供一个疗愈和自我重振的空间，让你屏蔽自恋者的骚扰，免受其不良影响。这是一个让你与有毒的人彻底划清界限的机会，同时也是让你重新出发，并为实现自己的目标全力以赴的机会。它使你能够摒除前任通过煤气灯操控、投射和操纵手段对你造成的干扰，真正从你自己的直觉、感知、情感和思想出发，诚实而透彻地审视这段关系。

请牢记一点——任何不尊重你的人都不配留在你身边。断联可以帮助你抵制诱惑，避免以任何方式或形式再将他们领回你的生活中。许多受害者都觉得在日程表、博客或日记上记录下自己的进展对此很有帮助。你应该庆祝自己在保持断联方面取得的进展并把它们记录下来，因为这的确是一条既富有挑战性又成就感满满的自我赋权之路。

自恋者离不了观众，他们渴望一切关注，无论是积极的、还是消极的。这就是为什么他们会故意讲些挑动性的笑话来试图让你崩溃。他们就爱看你的自我保护机制为了抵御这些批判和霸凌的攻击而全力运转的样子，这也是他们对你进行甜蜜轰炸的原因，这样以后他们就能从你身上捞取你回报给他们的感情和爱意。

他们喜欢看到你在贬低阶段为他们几句甜言蜜语和一点儿顺水推舟的爱的施舍而感恩戴德的样子。这都是些套路，既是为了保持你对他们的关注度，也是为了通过贬低来减少他们对你的情感投入。当然，他们也会使用三角化的手段，把其他人作为自己的供给源给牵扯进来，但是你将自己从供给源中抽离依然是必要的，只有这样你才可能对他们进行"精准打击"。

一旦你把自己从中解放出来，并与自恋者彻底断联——包括在社交平台上拉黑他们，以及屏蔽所有可能间接得知其消息的第三方渠道——你就能使自己摆脱在分手后继续被他们当成供给源和观众的命运。

除了能摆脱被迫成为供给源的宿命之外，保持断联还有很多其他好处。

你的生活重回正轨。不再关注那个自恋者正在做什么，或谁成了他的新受害者，你强迫自己向前看，思考如何去认识新朋友，培养新的爱好，努力实现既有的和新的目标。你为自己的未来开辟了一个新的时空，在这个时空里，不再有那个自恋者的存在，他不再属于这里，并且再也无法进入你的生活。在这个未来的蓝图中，你才是那个强大的主角，你有权利决定自己关注并投入资源的对象，你决定把更多的时间给你生命中最重要的人——你自己。

你能给创伤性联结更多疗愈的时间和空间。听说过斯德哥尔摩综合征吗？创伤性联结几乎可以说是斯德哥尔摩综合征的根源。即便自恋型施虐者对于它们的生物化学基础等技术层面的东西不甚了解，但他们清楚地知道这类联结的效果。从多年操纵别人积累的丰富经验中，他们很清楚把痛苦和快乐结合起来所能制造的联结比单纯用快乐制造出来得更牢固。他们感觉自己忽冷忽热的行为模式可以让人产生海伦·费希尔博士经研究证实过的那种"挫折–吸引"体验。他们对于将伴侣与自己绑定在一起的东西有着惊人的直觉——忽冷忽热的态度、身体的接触、化学物质和荷尔蒙的涌动、间歇强化，以及病态的心理游戏等。他们大半辈子的时间在镜映他人，假装有同理心，所以不费吹灰之力就能让你相信他们和你一样具备人性的美好。

理想化和贬低循环能够起效的根源就在于，他们会确保投入恰到好处的甜头，让你质疑自己的判断，怀疑是否错怪了他们。这种一会儿体贴一会儿恶毒的虐待循环几乎没有失败过，总是能够制造出一种让人对正在经历着的创伤上瘾和依赖的生物化学反应。通过保持断联，你可以防止新的创伤性联结的形成（如果你面对的是一个自恋者，除非断联，否则肯定会形成这种联结）。

要知道，自恋者是那种会为了在分手后刺激你的情绪而突然在社交平台上更新状态的人，他们试图让你知道他们和新一任的受害者有多恩爱，以及离开你之后自己过得有多顺风顺水。拜托，别相信那些虚张声势。他们是为了让自己看上去更像分手的赢家而装腔作势，但我们都明白谁才是真正的赢家。

有同理心和良知的人，有能力去爱、尊重他人和与人共情的人是你。自恋者生活在一种永恒的无聊状态中，再多的成功或性爱也无法满足他们。例如，一个男性自恋者可能有最机智、最迷人、最美丽、最有趣的女性陪在身边，但他最终还是会因为她太有魅力而怨恨她，恨她作为受气包却胆敢反抗，也恨她因为太过成功、太过耀眼而抢走了自己的风头，而女性自恋者也一样。他们永远不会满足，并且会不断地责怪他人导致了他们的不满。

除非找到一个完全听话、顺从，且总是对他们的处处留情、恶言恶状和不检点行为睁只眼，闭只眼的受气包，否则他们永远都能挑出枕边人的毛病来。即使他们真的找到了这么一个受气包，最终还是会不管不顾地虐待和剥削那个人，并因为那个人如此"愚蠢"地相信自己而轻视对方。当与一个自恋者交往时，无论你怎么做都是错。不要嫉妒新的受害者，他们现在的生活充满了痛苦、折磨和对感情的肤浅幻想。

你可以让自己敞开心扉去疗伤，去追求更健康的关系。如果有人一直不时地往你伤口上撒盐，让你旧伤未愈又添新伤，疗愈就不可能发生。如果你对自己的前任继续保持关注，就不可能有时间和空间为新的、健康的关系做好准备。任何关系都是如此，无论对方是不是自恋者。你认为一个正常的伴侣不会察觉到你仍然痴迷于你的前任吗？多想想吧！我曾经与几个人约会，但都只是见了一面就没再继续发展了，因为我几乎立刻就注意到对方聊着聊着就开始谈论自己的前任和感情史了。这种表现是情绪无能的典型标志。对方甚至有可能就是个自恋者——如果有抹黑前任的倾向。虽然在约会的最初阶段，你也许能够把控住局面，但随着关系的进展，你的不安全感、创伤和触发点都将不可避免地暴露出来。这可能会导致你被对方拒绝——尽管很伤人，但这是生活中常有的事——而在疗愈的早期阶段遭遇感情挫折与拒绝，会让你现有的伤口急剧恶化。比起立即投入下一段关系，不如再等等，先疗好伤再考虑新恋情或许会好些，这样可以避免吓跑健康的伴侣或者再次被另一个"有毒"的人吸引。

你可以实现自己的梦想。因为不必再和虐待型伴侣约会，我有了额外的时间和精力去写书，去支持其他的幸存者，去继续深造，以及去旅行和实现我的梦想。想想你花了多少时间与精力在施虐者身上，试图让对方有所改变。结果对方有任何改善吗？没有！除了经验教训之外，你什么都没得到。现在你有了多余的时间和精力，你可以把它们投注于实现梦想，让你的理想成为现实。你一直想录张专辑？行动起来。你一直想拍部电影？开始筹备吧。你一直想写本书？动手写吧。你一直想要申请某所学校？去申请吧。你一直想要尝试某份工作？去问问看。你有无限的可能，现在正是实现所有梦想和目标的最佳时机。别再去想自恋者对于你的能力、才能或技能的评价了——记住，自恋者常常都在病态地嫉妒着自己伴侣的资质，并且总是在试图打压他们，这样对方就不会超越自己。现在，你发光发亮的时候到了！

你可以为社会出力。过去，你把所有的时间都花在了自恋者身上，而此人很可能只是为了彰显自己的伟大才会去帮助别人。由于这是一种非互惠、功能失调、虐待、不合常理的恋爱关系，因此你对自恋者的付出本质上是一种慈善行为，而自恋者根本配不上你的爱、慷慨和体贴。自恋者永远不会有仁爱的一面，但你有重新连通到自己的仁爱之心，去感知世界上其他生命的存在与美好，回馈社会，感受自己人性的一面。你关心的公益事业有哪些？许多幸存者在经受了如此痛苦的创伤性事件后，会更想要回馈那些也正遭受类似痛苦的群体。所以他们最终在家庭暴力庇护所、自杀热线做志愿者，有些人甚至因为这些经历而成为咨询师、生活教练和研究人员。

如果你不觉得勉强，我建议你在网上论坛或者你信任的在线私人社群里与其他幸存者分享你的故事——这不仅仅是一种极好的宣泄方式，它还将使更多的社群成员能获取相关知识，并且帮助那些有相似痛苦遭遇的幸存者确认自己的经历；鼓励其他幸存者和你一样通过断联开启疗愈之旅；通过写博客和专栏文章来科普关于自恋的知识；向他人推荐相关的书籍和教育资源；如果你有处于虐待关系中的朋友，向他们伸出援手并倾听他们的心声，让他们知道你也曾经历过这些；志愿参与提高对各种形式的家庭暴力认识的科普活动；捐赠并支持你所认可的公益组织；回馈一个真正值得并需要你的社群。比起为一个永远贪得无厌的人不计成本地付出，这是一种更好的使用你的时间和精力的方式。为那些真正值得和需要的人提供帮助，在这样做的同时，你也为自己赢得了一种更丰富、更充实的生活，并得以建立各种新的支持网络，这意味着会有更多人理解并分担你的困扰。

通过斩断与对方的联系，你最终将赢得自己的胜利，并得以更从容地探索你的优势、才能和新生的自由。如果你是第一次尝试断联，我建议你挑战自己至少保持 30 天的断联以迈出复原和成功的第一步。

然后，一旦你突破了 30 天大关，就继续保持断联到第 90 天——这是戒毒所为成瘾者们提供的参考戒断时间。制作一份断联日历来记录并庆祝你与施虐者无接触（或者保持最低限度的接触——如果你没有条件彻底断联）度过的每一天。

确保把注意力放在你已经达成的目标上，不要对自己的失败进行反刍并过多地批判自己。别忘了，我们需要用与自恋者无关的东西来喂养并强化大脑中的奖赏回路，所以尽情地犒劳和奖励自己吧！别对自己太吝啬，这是你应得的。在每个月的月底为自己举行一次盛大的庆祝活动，在你一直想做的事情上挥霍一下——可以做水疗养生，也可以到一个没去过的国家旅行。我记得我曾经在我和一个自恋者分手的周年纪念日举行过一次实际意义上的庆祝活动，因为我想提醒自己我真的自由了。现在我依然这样做！能保持断联或低接触是一种成就，值得庆祝。

断联或低接触将为你带来一个"排毒期"，让你能开始在一个安全的空间里通过自我关照和自我关爱来疗伤，并使你在虐待中受到的身心伤害得到修复。你要利用此处提到的资源来保持断联，并清除附着在你身上和心间的虐待"余毒"。断联之旅还只是个开始，最好的生活尚未到来。

109 种保持断联的方法

感到断联难以坚持？这里有 109 种方法可以帮助你克制想要恢复联系的冲动。从傻气离谱的行为到立竿见影的行动，再到奇奇怪怪的举措，这些方法有助于你进入托尼·罗宾斯（Tony Robbins）等激励教练口中的模式中断（pattern interruption）中。每当你出现想要联络或回应自恋者的冲动，就可以采用这些方法来阻断自己模式化的反刍和强迫思维。你可以任意使用这份清单中提到的方法或者创建属于自己的清单。你所做的事情的内容是什么并不重要，重要的是它对于你的意义和影响，以及它不断干扰你从前的思维模式并建立一个新的模式以取而代之的能力。

我从我的亲身经历、研究和断联经验中提炼出了这些方法，希望它们能够帮助你渡过难关！

1. 到户外散散步或慢跑——别带手机。

2. 去健身房，到跑步机上跑起来。释放所有被压抑的挫败感和一些能改善你心情的内啡肽。在此期间，挑战与至少 3 个人进行对话以增强你的社交联系。

3. 绕着自己的房间踱步绕圈，转 5 圈或者尽可能地多绕几圈。在绕圈时，请提醒自己，如果选择恢复联系，会让你继续在虐待循环中打转。

4. 一边梳头发一边数到 100。当达到 100 时，请记住，你与“有毒”的前任的争吵次数可能已经达到甚至超过了这个数字。为什么还要再多来一次呢？

5. 洗个热水澡，或者用冷热水交替淋浴。这可以促进血液循环和放松身心，而且比起自恋者的忽冷忽热，这显然好受多了。

6. 如果你有想对自恋者说的话，以文字的形式记录下来，但不要给他们打电话或发信息。

7. 网购想买的衣服或书。偶尔奢侈一下，去买你一直想买的东西——是时候犒劳一下自己了。

8. 根据食谱制作新的料理。你可以把这作为一种正念活动，它可以促使你对如何准确地添加配料保持专注。如果你的厨艺有限，这个方法甚至会更加有效，因为你得更小心，以免把厨房炸了。这对我来说总是很管用!

9. 打电话给一个非常理解你的朋友，聊聊除了自恋者以外的事情，闲聊之后回到工作中去。

10. 给一个你很久没联系的人发消息叙叙旧。如果一个自恋者在对你进行回吸，也请使用这个方法——不要回应自恋者，而是和别人展开新的交流，利用与自恋者断联的机会多去与他人交往。

11. 不管你在哪儿，做 50 个蹦蹦跳的动作。

12. 播放你最爱的劲歌金曲，随之热舞直到筋疲力尽。

13. 上网找一个合适的健身课程并报名。

14. 在幸存者论坛上写写你的断联挑战，并倾听别的幸存者分享自己的经验和感受。

15. 伴随舒缓的音乐做冥想。

16. 去找你最喜欢的动物幼崽的视频来看，至少看 3 个视频。

17. 与宠物拥抱。

18. 没有宠物? 去宠物店抚摸一只软乎乎的动物。

19. 拥抱毛绒玩具 (是的，我知道你有一个，不用不好意思）。

20. 录制 6 个积极肯定语句并反复播放，直到冲动过去。"我掌控了局面"和"我是我所知道的最强大的人"是我最爱用的两个句子。

21. 写一本书的开头或部分章节——你想写哪种类型的书都行。

22. 为一本你想写的书，甚至一本你希望你能读到的书写一个概要，让灵感流动起来。

23. 下载一本激发你求知欲和好奇心的新书。

24. 观看喜剧。

25. 观看跳伞或其他极限运动的视频。

26. 回想一段愉快的童年记忆。

27. 对镜子里的自己说"我爱我自己"，直到这种冲动过去。

28. 尝试听新的类型的音乐。专业提示：电子舞曲可以帮助你厘清思路。

29. 关注一下有什么新鲜事。

30. 阅读关于人们在苦难中逆袭的励志故事或鼓舞人心的文章。

31. 选择一个你不了解或感兴趣的主题观看 TED 演讲。

32. 站起来做做伸展运动。

33. 如果有垫子，可以在垫子上做瑜伽，或者在网上报名参加瑜伽课程。

34. 如果你有拳击手套，可以用它们来打沙袋，或者打枕头。

35. 泡一杯你最喜欢的茶或咖啡，然后用毯子把自己裹起来。

36. 读一本好书。

37. 为自己最喜欢的歌改编歌词。

38. 根据你最喜欢的电视剧或系列丛书写一部同人小说，或者阅读其他人写的同人小说。

39. 用你家里的绘画用具画一幅画。

40. 写一首诗。

41. 写一个短篇故事。

42. 给虐待你的人写一封不会寄出的信，在信中声明你的优秀品质。注意不要寄出。

43. 给你的心理咨询师或生活教练打电话或发邮件。

44. 看一部和你的生活期许有关的励志电影。

45. 玩《愤怒的小鸟》系列游戏，或玩解谜游戏。注意，选择视觉效果强的游戏。例如，研究已经证实如果创伤性记忆尚未完全固化，可以通过玩俄罗斯方块来减轻相关症状。

46. 在手机上下载喜欢的游戏并开始玩耍。

47. 深呼吸 4 次，每次呼气持续 8 秒。

48. 天气暖和的时候，去海边旅行。

49. 在寒冷天气里堆雪人或者去一家舒适温馨的咖啡馆坐坐。

50. 去一个美丽的地方，拍一堆照片。

51. 写一篇博文，讲述你需要更多了解或已经很了解的主题。

52. 在别人的社交账号上留下支持的评论。

53. 创建自己的社交账号，或者如果你已经有了一个，上传一个可以帮助到别人的视频。

54. 看电视真人秀——当你发现自己陷入反刍或工作过度而缺乏娱乐时，无脑娱乐实际上是一种很好的自我关照活动。

55. 收藏图片，或者新建一个相册板，把你想要的东西的图片收集起来。

56. 制作一块愿景板，从杂志上剪下你想要的东西的图片，贴在你的愿景板上。

57. 在社交平台上分享一则趣闻。

58. 创建自己的幸存者主页或在线小组，或者新加入一个。

59. 在社交平台上关注为幸存者发声的人以及励志演说家，并转发你喜欢的动态。

60. 给别人寄张感谢卡或感恩便签。感恩可以增强社交联系，并有助于提振情绪。

61. 出去购物。

62. 给别人买礼物。

63. 给别人做一份礼物。

64. 去图书馆，到你最爱的展区翻阅图书。

65. 点上香薰蜡烛，伴随你最喜欢的冥想背景音乐泡个热水澡。

66. 拜访住在不同城市或地区的人。

67. 如果你有车，开车去一个能看到美景的地方。没有车就坐公共汽车去。

68. 喝一杯水，这有助于你恢复活力，让你的免疫系统振作起来。

69. 反复上下楼梯，直到你觉得累为止。

70. 加入一个线下小组。可以去同城网站搜索当地有趣的团体、活动和赛事。

71. 根据你的兴趣爱好参加一个同好会。

72. 坐火车去一个你从未去过的地方。

73. 去免费的博物馆看看他们的新展览。

74. 去动物园。

75. 从你的家走很长的路到你通常只会乘公共汽车去的地方。

76. 写一份清单，列出你欣赏自己的地方。

77. 写下你的成就和不可思议之处。

78. 用笔在自己身上画出美丽的图案。

79. 举重，如果没有器材，可以举一些大部头的书。

80. 在天气允许的情况下进行户外体育运动。

81. 到附近的公园散步。

82. 和朋友出去跳舞。

83. 出去下馆子。

84. 为自己或他人祈福。

85. 写下一个你想要实现的愿望。

86. 制订预算计划。

87. 对你想要开展的项目进行头脑风暴，然后为该项目起个名字并制订初步商业计划。

88. 去杂货店买必需品。

89. 用你最喜欢的水果做一杯美味的奶昔。

90. 清理你的衣柜，把旧衣服捐给慈善机构。

91. 报名参加你所在地区的志愿者项目。

92. 计划一次度假。找到你梦想中的假期的照片，并把它钉在你的愿景板上或收入你的相册。

93. 给你最喜欢的作家写封信。

94. 为你关心的公益事业签署请愿书。

95. 唱歌并为自己录音。

96. 和朋友一起唱卡拉 OK。

97. 演奏或学习演奏乐器。

98. 做 20 个仰卧起坐。

99. 做 20 个俯卧撑。

100. 从 100 开始倒数。

101. 倒着念字母表。

102. 浏览一本与前任无关的、充满美好回忆的相册，线上或线下相册都行。

103. 把墙刷成你最喜欢的颜色。

104. 阅读科技新闻版面，并了解新知识 。

105. 列一份遗愿清单，写下你一直想体验的事情。

106. 为本周或本月剩余时间制定一个计划表。

107. 制作一个"感恩罐"，并开始将写有你所感激之事的纸条投入其中。

108. 买一本复杂的涂色书并填充图像。

109. 对自己说"我终于自由了，我本来就该是这种状态"，直到恢复联系的冲动减弱或消失。

如何应对无法回避的自恋者

如果你正处于一段与自恋者的感情中，或者正在称约会的对象是一个自恋者，我强烈建议你尽快设法脱身并终结与对方的关系，然后主动断联，开启默认的"不回应"模式。不要去玩你注定会输的游戏，特别是那些会引起你情感创伤的游戏。然而，有时与自恋者互动确实避无可避，尤其在工作场所、家庭聚会中，或我们与自恋者育有孩子的情况下。

记住，在工作相关的情况下，如果自恋者本身不是老板，他们通常会有一个同盟者——一个比自恋者更有权力的人，自恋者会不断向其打小报告，或提供误导性的虚假信息，最终将你扫地出门。这个人可能是男性也可能是女性，这取决于组织结构的类型。这种模式在恶性工作场所自恋者中很常见。因此，要非常谨慎地向自恋者以及任何可能站在他们一边的人提供信息——这些信息可能会被用来对付你。

如果你遇到一个自恋者并不得不需要与之互动，以下是六种可参考的回应方式。从长远来看它们可以为你节省大量精力。

1. 灰岩法

自恋者主要从激怒你而使你产生的愤怒、迷茫或绝望的反应中获得兴奋。由于他们的情感生活十分寡淡无味（除非他们感受到自恋伤害的愤怒），因此目睹人类出现情感反应就像是获得了一场免费演出的门票——提线人总爱看着自己的提线木偶在眼前表演。

灰岩法的基本原则是，对惯常的挑衅或三角化策略给予非常平淡或无趣的回应，让自恋者难于从中得到任何供给和兴奋。这就像在孩子们日常地刻意搞怪时摆出一张扑克脸看着他们，如此一来对方便被夺去了最期待的乐子。这也可以节省你大量的精力，并给予你一种知道自己的冷漠反应会让他们被截断日常供给的满足感。最重要的是，自恋者在明白他们无法从你身上获取自己迫切寻求的反应之后，继续对你紧咬不放，将你当作供给源的可能性就会变小。

2. 避免触发敏感话题，打乱灾难性的对话

自恋者喜欢用车轱辘话、毫无意义的指责和无数次的反驳来扰乱你的思维，转移你对他们的虐待行为的注意力，让你心态失衡。他们会否认说过某事，会推翻之前说过的话，会引入不合理的论点，会继续破坏你的界限，不择手段让你感到挫败和沮丧。

这样做可以让你把注意力从他们的实际行为上移开，浪费宝贵的精力和时间试图搞明白他们到底在说什么。这就好比在垃圾堆里淘宝石，但实际上，这里并没有宝石。你只会收集到一堆无用的、自恋者用于"精神折磨"的话术。

为了避免这种情况发生，你可以通过以下方式立即打乱他们刻意挑事的对话。

● 将话题转移到一个无害的，自恋者真正感兴趣、可能

想要多说点儿什么的话题。确保这个话题能够满足他对关注和赞赏的需求，同时不会伤害到你。事实上，不妨尽量把这个话题引到你感兴趣的事情上，这样你的时间会花得更有意义，比如："嗯，这很有意思。哦！不过，你能告诉我更多关于你正在进行的那个新商业投资的事吗？"

- 借口有事突然打断对话，"哇，这太有意思了。不过抱歉，我现在得去开会（睡觉、吃饭、做梦）了。回头再聊！"

- 积极地认可对方的观点或开个玩笑，"知道吗，你说得对。我确实需要有更多的幽默感！非常感谢你指出这一点。"（这个方式在与网络喷子互动时尤其有用，他们似乎会在得到每日的自我满足后扬长而去。）

3. 将自恋者变成你的供给来源

这个技巧并不是人人都适用的，我主要是针对职场或职业关系提出这个建议。如果你觉得这样做会让自己感到内疚，并且不想从那些互动中获取任何好处，那么你应该尊重自己的感受。我提出这个建议只是为了提供更多的选项。

因为自恋者对于利用你来获取供给毫无愧疚，且本节针对的是与自恋者进行浅层或被迫的互动，你可以也想想有哪些方式能从自恋者身上获取助益——既然不管怎样，他都已经在打算利用你了。

如果你正在与自恋的同事打交道，既然你无论如何都需要与他互动，那么不妨想想能从这位同事那里得到什么。他有什么特殊技能或才能是你可以学习的吗？他的社交圈子是否大到能够帮助你建立新的人际关系？这个可能性很大，因为职场上的自恋者喜欢给自己建"后宫"，并周旋在各路特别的人的身边。

在应用这个建议时要非常小心和谨慎，因为有些自恋者很擅长诱发你的亏欠感，尤其如果他们给了你某些东西，而你又欣然接受的话。我不是在建议你也成为一个自恋者——绝对不是。如果你确实决定这样做，不要把这看作是自恋行为或是将自己的品格拉低到了和他们一样的水平，而应把它看作等价交换。自恋者利用你来获得关注，而且既然你是被迫与他们互动的，那么从中获取一些东西也无妨。

4.反其道而行

正如我之前所说，当我们即将被情绪掌控时，这种应对技巧快速而有效。它非常简单：当你感觉快要被自恋者挑衅性的言论激怒时，用微笑代替怒目而视。你的大脑无法区分真实的微笑和假笑，因此，你的情绪很可能会随着你的面部表情而改变。你的心情会得到改善，笑过之后感受到的压力也会小。你会更加镇定和放松，而自恋者则会挠头疑惑你为什么不像往常那样回应。

　　还有其他方法可以用于反向行动。比如，当你感到压力过大想要哭泣时，用大笑代替哭泣。笑是极好的良药，而且可以降低应激激素。

　　如果自恋者试图通过三角化策略或贬低你的方式来激怒你，那你就做出无动于衷或大笑的反应。尽情享受，就好像你在观看一部荒诞的喜剧一样，因为事实就是如此。挑事的自恋者确实滑稽而可笑，而你的笑意和无视会让他们感到困惑，因为他们期待着你会对他们的操纵计策做出愤怒和悲伤的回应。在自恋者试图挑衅的情况下稳住自己，或许自恋者会略过你，转而去寻找另一个更"有趣"的、对那些挑事的诡计更有反应的供给源。

5. 肯定自己的感受，并建立起自己的界限

　　这一点非常重要，因为它能确保我们对自恋者的回应是建立在个人安全、自重和自爱的基础上的。面对自恋者，我们必须肯定自己的感受，并抵御对方的煤气灯操控行为。我们的麻烦在于容易将自恋者视为像自己一样的"正经"的人，而不是宗师级别的做戏高手。我们将自己看成是自恋者的诡计的受害者，但实际上，一旦我们对自恋者的状况有了足够的了解，并用知识将自己武装起来，我们就会变得比想象中更有力量。

一旦你开始把自恋者视为戴着不可预测的面具的"可预测"的角色，或是为了获取一个反应而不惜一切代价的"拟态变色龙"，你就会明白我们需要做的是向后退，然后才能看清自恋者的真实伎俩，而不是把关注点都放在你对他们的情绪反应上。这将使你更容易在他们面前建立起牢固的界限，而不必为他们的行为找借口，也不会在过程中否定自己的感受。

　　列出你需要自恋者必须遵守的绝对界限。比如"晚上12点以后不要给我打电话"或"不要用那种居高临下的语气和我说话"。由于自恋者会试图打破界限，因此你要通过确保自己绝不允许破坏界限来控制局面。当自恋者以某种语气说话时，微笑着找个借口然后离开，以免他继续说下去。当自恋者在午夜过后给你打电话时，关掉手机，不要让自己处于可联系的状态。关键是要找到一些方法，让你可以设定并维护自己的界限，而不必强迫自恋者尊重它们，因为他们不太可能乖乖听话。

6. 重构你的思维

　　一旦你接受了自己对自恋者的看法与他们真实的样子是不同的这个事实，你就会快乐很多，也会更愿意接受与这个世界上因无法回避而遇到的所有自恋者共存。自恋者是可悲的表演者，因为他们仰赖我们做他们的供给者。他们就像是某种情感水蛭，需要依赖我们才能活下去。

　　每当你发现自己在反复思考自恋者说过或做过的某件事时，停下来，退后一步，观察你的感受，接受它们并肯定它们。但是，不要内化自恋者对你的投射。要明白，这是一位施虐者，他们有毒且剥削成性，他们手段残忍，有意要针对你，引发你的痛苦。如果你接受了这一点，你就会更好地控制自己的情绪反应，并能够更巧妙地与自恋者打交道，而不会在这个过程中失去自己的尊严。

第六章

朋友圈子、家庭、职场和社会中的病态自恋

朋友圈子里的女性自恋者

根据 DSM-5 的统计①，大约 75% 的自恋者是男性，剩下的 25% 是女性。不过，这些统计数据可能存在偏差，由于性别偏见的潜在影响，女性自恋者可能会被误诊为边缘型人格障碍而不是 NPD。事实上，那些冷酷无情特质（与心理变态有关）水平较高的女性会更有可能被动或主动地攻击他人，这表明女性同样具备攻击能力。无论具体数据如何，你在一生当中都很可能会遇到一个女性自恋者——异性恋男性可能遇见自恋的约会对象；女性也可能会遇见自恋的同性朋友；自恋者还可能是你的母亲、亲戚或同事等，不胜枚举。

---

① 注意该项统计应该更多基于西方的数据。

在我的个人经历中，我曾有过几个带有自恋特质的女性朋友。我敢说她们之中有两三个人在自恋谱系中是靠近顶端的那一类——非常以自我为中心且阴险残忍，如果没有特意研究自恋，根本无从得知她们的残忍程度以及她们对你的伤害确实是故意的。

虽然男性和女性自恋者都缺乏同情心、傲慢自大、以自我为中心，且都精通诸如煤气灯操控、三角化、刻意抹黑、对外以假面示人等技术，但必须要明确的一点是，在我们的社会中，女性与男性社会化的方式是不同的。

由于所讨论对象的文化背景的差异，心理病态的表现形式可能有所不同，尤其是考虑到不同的社会对待女性的态度也是不同的。以下是女性自恋者与男性自恋者之间可能存在的差异。

出于嫉妒而对女性朋友展开关系攻击

研究表明，我们可以通过"嫉妒"这一评价指标来判断女性自恋者的 NPD 的严重程度，但放在男性自恋者身上，这一指标的可靠性就不太高了。女性自恋者的这种嫉妒是内隐嫉妒。神经科学研究还发现女性自恋者具有报复性攻击的倾向，她们与社交处理相关的脑区比非自恋者相关脑区的激活程度更高。

造谣、诽谤、讽刺和盛气凌人是每个自恋者都拥有的武器库中的一部分，但女性自恋者在与同性朋友的交际互动中将其升级到了一个全新的水平。

别忘了，在霸凌方面，研究显示女性更具关系攻击的倾向，并且研究表明，相较于男性，过分主动地彰显自己优越感的女性不太受社会待见，所以女性自恋者往往会采用更加含蓄和间接的霸凌手段。她们更多是通过与其他手握强大社会权力的人攀上关系来满足自己的需求。

女性自恋者会用贬低和变脸的手段来维系掌控感及掩饰自己的嫉妒心。她们可能会在别人面前显摆自己是你最好的朋友，甚至可能明里暗里地表示你的成功和她们有关，但在背后（有时还会当面），她们会尽自己所能羞辱你并打压你。她们喜欢挑起你的嫉妒心，并从中获得满足感。她们非常争强好胜，喜欢说一些含沙射影的恭维话，比如"对于你这个年龄来说，保养得已经很不错了"，或者"哇！那个家伙肯定很喜欢你！但他也看了我一眼，我想他更偏爱丰满的女孩儿"。

女性自恋者的残忍是隐性的还是显性的，这取决于其个人的人际交往风格。我遇到过一些女性自恋者，她们吵闹、固执己见、令人讨厌，而且爱动手动脚，极具攻击性；我还遇到过一些女性自恋者，她们高傲、瞧不起人、物质主义，会公开嘲笑你，而不是用明褒暗贬的方式称赞你。这个群体中的成员个性不一，但她们都有同一个使命：夺走你的朋友、伴侣、理智和安全感。

　　不要把你的秘密告诉女性自恋者，因为她们会在 24 小时内告诉你的其他朋友。你告诉她的那件糗事，你的另一个好朋友已经知道了，你的声誉被毁得一塌糊涂。特别是如果你以某种方式"伤害"了女性自恋者或引起了她们的嫉妒，那么她们就可能对你展开抹黑行动。自恋者面带假笑的先夸后贬会打得你措手不及，并让你怀疑她们是否真的是你的朋友，还是说其实是敌人（亦敌亦友的感觉）。她们从来不能忍受你的高枕无忧，尤其是当你为自己感到骄傲的时候。与男性自恋者一样，女性自恋者也具有病态嫉妒和竞争心理，并且因为社会化行为方式不同，她们对其他女性更容易产生嫉妒心和竞争心。

自我陶醉，虚荣，卖弄性感与姿色

　　与躯体型男性自恋者类似，女性自恋者往往非常肤浅、虚荣并且过分关注自己的外表；男性和女性都被证实有同等程度的虚荣心、表现欲和自我陶醉感。然而，由于相对其他属性，社会更强调女性的外貌，因此女性的这种虚荣心可能表现得有所不同。除非该女性自恋者更偏向于"大脑型"（cerebral）自恋，主要关注自己的智力，否则很可能是那种非常吸引人且身材窈窕的传统女性形象。由于女性自恋者通常把权力重心放在外观上，因此她们也经常会将心比心地用她们认为的好话或你爱听的话来称赞你。这种理想化阶段不仅存在于爱情之中，也存在于友情之中。

自恋的女性朋友会"勾引"你，就像她们勾引约会对象或恋爱对象一样。她们会滔滔不绝地夸赞你有多漂亮、多有才华、多么成功——而实际上，她们只是想让你失败，然后暗中贬低你。她们会跟你建立起一种让你感觉非常特别、独特和不同寻常的联结。这是一种类似于"同谋"的心态，会让健康的友情苗壮成长，但在与自恋的朋友的友情中，这种心态却显得毫无意义，因为她们的最终目的是破坏你的成功。

无论她们在最初的甜蜜轰炸中表现得有多欣赏你，实际在她们的心目中，没有人可以比她们更有才华、更美丽或更成功。如果你是这种闪闪发光的人，并且在女性朋友圈中受到欢迎，多加小心。自恋者现在给你顺毛是为了暗中虐待你，试图破坏你的友谊，并针对那些一开始用来夸赞你的品质来打压你，因为她们对自己没有的东西存在一种"永远无法满足的渴望"。

需要时刻成为大家瞩目的焦点

这与前面的观点有关。女性自恋者无法忍受任何人比自己更出色，她们需要时刻成为所有人关注的中心。这意味着当你得到晋升时，她们会试图以某种方式超越你，并从你身上抢走大家的注意力。

她们达成这一目标的方式既可能是隐性的，也可能是显性的。例如，如果一个自恋者在行为上特别明目张胆，她可能会打断你，并在你还没有来得及说完工作方面的话题时就提出她自己在工作中获得了加薪。她会利用谈话中的任何一点，把任何消息——无论是好是坏——转回到她自己身上和她的生活上。

然而，如果自恋者是那种行事特别隐蔽的人，则可能会采取让你觉得十分费解的方式贬低你。她可能会假装为你和你的升职感到非常高兴，但在你举行庆祝派对的时候，她会想方设法破坏你的快乐，比如吹嘘自己，在其他朋友面前贬低你的成就，或者把注意力放在她正在讨好的另一个被当作新供给源的朋友身上。

利用性魅力上位并显摆自己

心理健康咨询师克里斯蒂娜·哈蒙德（Christine Hammond）认为，男性和女性自恋者引诱受害者的方式是不同的。她在《男性和女性自恋者之间的区别》（"The Difference Between Male and Female Narcissists"）一文中提到，男性自恋者倾向于用魅力吸引他们的受害者，而女性自恋者则倾向于利用她们的身体。与故作姿态、穿着方式明显是在卖弄风骚的女性不同，女性自恋者往往会根据特定的目标或场合有选择地穿上性感的衣服。

她们可能会吹嘘自己用性取得的"战绩"，炫耀自己的身体，冒着可能被认为不专业的风险也要打扮得很性感，并"谦虚地"炫耀所有暗中或公开想要追求自己的人。她们会"抱怨"自己被搭讪的次数，即使身处长期的稳定关系中也会与其他人调情，并且甚至会出轨别人的另一半。成为能够从对方伴侣手中夺走男人（或女人）的"情妇"或第三者可以让她们得到成就感。她们乐于成为"另一个女人"，因为对她们来说，供给源是多多益善的。我认识的许多女性自恋者，即使她们已经有了一位充满爱意、体贴温柔的男性伴侣，仍然会做出这种行为，在精神上或肉体上背叛配偶或伴侣。

当心，如果你怀疑某人是女性自恋者，请记住她们是没有底线的，她们也可能与你的另一半调情。虽然你的另一半可能不会上当，但请记住，女性自恋者故意这样做不仅是为了引起他的注意，也是为了引起你的注意：她们很清楚你的伴侣如果对她们感兴趣可能会伤害到你——即使那并不是事实，她们会努力让你显得像个小丑。这就是为什么当你发现某人有自恋的特质时，尽早脱离是很重要的。即便她们也有长期伴侣，她们还是可能会通过习惯性的出轨将你卷入一段纠缠不清的三角关系中——只有及早断联才能让你幸免于难。

高度物质主义

与男性自恋者一样，女性自恋者也非常肤浅，崇尚物质主义。她们想要最能给自己长脸的闺蜜，也想开新车、买出自大师之手的名牌包，还想要昂贵的衣裙和鞋子。她们可能用自己的收入来换取这些东西以满足虚荣心，或者也可能会通过跟伴侣或朋友的成就扯上关系来彰显自己的成功。无论她们采取什么路线，她们都会找到一种方法来满足自己对优越感和魅力的需求，并且更可能通过花钱而不是积极进取来满足自己。

自恋型父母

在任何情境中都可能会发生自恋型虐待，无论是家中、朋友圈子中、亲密关系中，还是职场中。自恋型父母往往把孩子视为附属品，并且如果孩子敢于挣脱父母的控制独立生活，则会面临父母的自恋暴怒。在这种家庭里，其中一个孩子可能会被"指定"为替罪羊，而另一个孩子则成为"金童"（Golden Child）。自恋型父母会对替罪羊进行贬低和抹黑，而把"金童"捧上高台并对其进行理想化。如果家里有两个孩子，而且其中一个是自恋者，这个自恋的孩子就会尽其所能地贬低和迫害威胁到自己的另一个孩子。你如果被自恋型父母抚养长大，可能会面临灾难性的后果，因为你也许会如同陷入一个循环——总是被那些与你父母的特质和品质相似的人吸引。

以下是需要留意的自恋型父母的主要特征。

把自己的孩子当作附属品

就像那些把孩子当作自己人生的替代品，妄图从孩子身上获得二次生命的父母一样，自恋型父母认为他们的孩子只是听从于自己命令的附属品——孩子只是"供给源"，仅此而已。自恋型父母对孩子常常是不屑一顾的，除非孩子能在自己针对身为受害者的另一半的抹黑行动中起到战略性的作用，又或者有利于自己在离婚诉讼或监护权听证会中争取主动权。我经常听到受害者提及，他们那自恋的前任在离婚期间突然对孩子产生了兴趣。这是一种故意设计的策略，目的在于打击受害者的痛处：自恋者、心理变态者或反社会者一旦意识到自己可能会失去供给源，就可能摇身一变，成为一个尽职尽责的家长。他们知道孩子对受害者有多么重要，因此会利用孩子作为实现其计谋的武器。在父母之一是恶性自恋者的情况下，被卷入离婚大战的孩子不仅会被其甜蜜轰炸，而且如果不按照其要求进行选择，就有可能遭受自恋暴怒。

在某些情况下，自恋型父母可能将物化孩子上升到一个全新的层次。在一些儿童选美节目中，母亲们为了实现自己成为选美皇后的梦想而病态地物化孩子。在那些给孩子灌输高度的特权意识的家庭中——尤其是在社会经济地位较高的家庭中——这种行为可能会被放大。自恋者把孩子看作自己的延伸，甚至以病态的方式对待孩子，并希望他们能够达成自己未曾实现过的目标。虽然普通父母也可能会如此，但自恋型父母为了迫使孩子顺从自己的需求和欲望，会对孩子进行言语和情感虐待，有时甚至还会出现身体上的虐待。此外，自恋型母亲往往会嫉妒自己的女儿，并将之视为竞争者，而非家人。

掌控孩子

当孩子挣脱了他们的掌控时，自恋型父母的第一反应是自恋暴怒，而不是产生同理心或同情心。

孩子被教导凡是要以父母为先，他们应该追求让父母感到快乐的事物，而非让自己感到快乐的事物。如果违背了这些教导，孩子就会受到贬低、虐待，以及言语、情感和精神暴力。就像亲密关系中的自恋者一样，当孩子们长大并开始脱离家庭、寻求独立时，自恋型父母也会通过自恋暴怒来维持对孩子的控制。当完全处于父母的控制之下时，孩子更有可能被理想化，尽管他们也完全可能受到各种各样的贬低和虐待。

挑剔、贬低

自恋型父母非常挑剔，并很少给予孩子情感上的肯定，在他们的主导下，其家风往往是偏纠缠型的。

自恋型父母打压孩子的志气，弱化孩子的成就，不断提醒孩子还没能实现的目标，并极力地贬低孩子，这样孩子就永远不会有价值感和安全感，而这本应是所有的孩子天生就有权拥有的。他们很少肯定孩子的情绪，并无视孩子的情感需求，不会为孩子提供足够的情感支持。当孩子哭泣时，他们会因此批评孩子；当孩子笑得太开心时，他们会指责孩子太吵闹或没有教养。与自恋型约会对象类似，他们看不惯孩子的快乐，除非这份快乐来自某项他们能沾到光并可以向别人炫耀的成就。他们的教养方式往往还非常地专横霸道，具有极强的控制性和侵略性，他们可能会巨细无遗地将触角伸向孩子生活的每个方面。在另一种极端情况中，他们则可能借口自己有成瘾问题或其他问题而对孩子疏于照顾或虐待打骂。

只关心自己的形象

　　自恋型父母在公众面前可能非常迷人、大方和讨人喜欢。他们十分注重形象管理，对外界来说，自恋型父母看起来完全就是个完美的父亲或母亲，但关上家门之后，情况就完全不同了。随着孩子渐渐长大，他们会开始谋求自己的独立之路，也可能会在目标方向、职业选择和择偶条件等方面与父母意见相左。普通的父母通常会尊重彼此的差异，而自恋型父母则往往会越界插手孩子的生活，甚至在孩子偏离了他们的预期，试图建立自己理想中的家庭和事业时，明里暗里地搞破坏。

自恋型父母之所以越俎代庖地为孩子制定人生规划，是因为他们中的许多人想要在社会上以及亲戚朋友中更有面子，即借着为子女规划"完美人生"来给自己长脸，比如小汤米最后成了医生或莎拉小甜心有了一个当医生的未婚夫，他们就有了在大家面前吹嘘的本钱。至于汤米其实想成为一个艺术家或者莎拉的医生未婚夫是不是常常虐待她，他们并不在乎，他们关心的仅仅是孩子的行为会如何影响大家对他们的看法。这就是为什么他们会硬塞给孩子一个扭曲的完美人生的模板，并因为孩子没能符合要求而对其施加惩罚。他们用这种扭曲的标准来贬低孩子，使孩子感觉自己永远不够好、不配被尊重和爱。

要了解更多关于自恋型父母对成年人的影响以及如何疗愈，请务必阅读我的《成年儿童的自我疗愈》(*Healing the Adult Children of Narcissists*) 一书。

自恋型同事和老板

研究表明，心理变态者在职场中更有往上爬的欲望，并能够蛊惑其他同事和管理层而获取他们的信任。如果你的同事或老板是自恋者，那你可能很难在工作中保持平和的心态。

我有过在"有毒"的工作环境中与一个绝对是资深自恋者的同事斗智斗勇的经历，我体会过这种抓狂和绝望，特别是当你不得不依赖这份工作来获得收入和职业发展时。职场霸凌和骚扰是一个很严重的问题，尤其是在自恋型掠夺者参与其中时。他们借助虚假自我魅惑他人，在职场中混得如鱼得水，同时会对选定的目标进行霸凌并转移责任，从而将自己假扮成受害者。

最近的研究发现，心理变态和马基雅维利主义这两个特质能够预测个体的职场霸凌行为。此外，研究者希伊（Sheehy）及其同事认为，具有"黑暗三联征"人格特质的个体，以及所谓的"亚临床心理变态者"虽然都有"正常的外表"，但却会出现有害的破坏行为，这些行为"可能对组织及其使命和员工造成毁灭性影响"。

研究表明，在实际的职场中，管理层的心理变态者尤其残酷无情、良知泯灭，他们不仅好大喜功，而且贪得无厌。他们的过人之处在于他们有能力根据需要和环境形势调整自己的行为。他们能很轻易地识别出哪些是对自己有用的人，哪些是会给自己找麻烦的人，以及哪些是他们可以威胁和拿捏的人。他们从实践中学会了欺上瞒下。——希伊、博迪和墨菲,《公司法与企业心理变态者》（"Corporate Law and Corporate Psychopaths"）

内森·布鲁克斯（Nathan Brooks）是一名司法心理学家兼研究职场心理变态的学者，他指出，"典型的心理变态者会制造很多混乱，通常会挑拨人们的关系……对于心理变态者来说，'建功立业'只是一场游戏，他们不在乎自己是否违反了道德。一切都是为了在公司里能得到自己想要的位置并获取其他人的支配权"。

从研究中可以清楚地看出，职场中自恋和心理变态的人会不择手段地陷害他们认为具有威胁性或更有才华的同事。与其把这看成他们的长处，不如说是他们有暗中破坏并魅惑他人的能力，从而得以一路爬到大家梦寐以求的位置。

根据职场霸凌研究所（Workplace Bullying Institute，WBI）的说法，工作中的骚扰、恐吓和秘密胁迫"类似于职场里的家庭暴力，而施虐者则是公司内部人员"。这种形式的隐性虐待发生的频率比我们想象的要高得多。根据玛莎·斯托特博士（Dr. Martha Stout）测算，每25个美国人中就有1个是反社会者。考虑到具有自恋和反社会特质的个体在许多工作场所都很吃香，这个数字简直让人触目惊心。研究显示，高达75%的员工曾遭受过或目睹过职场霸凌。

去人力资源部门举报职场霸凌者可能并不现实，一些被职场霸凌和掠夺的受害者在举报对方之后，甚至遭受了更严重的损失，而非获得援助。并非所有的人力资源部门都有应对职场霸凌的准备方案或解决办法，尤其如果霸凌是秘密进行的，就会更难处理。

考虑到这一点，了解这些"有毒"的操纵者的手段是很有必要的，特别是你现在正要开始一份新的工作或是在努力应对"有毒"的职场氛围的话。以下是职场中的自恋者和反社会者可能会对你使用的 3 种陷害手段，以及你可采取的应对策略。

1. 他们跟你套近乎只是为了获取有用信息来对付你

与自恋的朋友、伴侣和家人不同，自恋的同事一开始就会试图讨你欢心，并与你建立积极而融洽的关系，但这只是为了套你的消息，以便掌握日后能够打击你的武器。

人们可能会惊讶地发现，职场中容易被当成靶子的员工往往是那些最有能力的员工。福布斯（Forbes）的研究显示，"受害者被当成靶子是因为他们身上的某些东西对霸凌者构成了威胁。他们通常更加专业，更有技术，情商更高，或者仅仅是更受欢迎。他们通常都是有能力带新人的资深员工"。

对于我们这些遭受过自恋型虐待的人来说，这并不奇怪——自恋者臭名昭著的原因在于他们总是会去打压那些威胁到他们的人，对他人的嫉妒实际上也正好存在于 DSM-5 对 NPD 的诊断标准中。职场中的自恋者和心理变态者会竭尽所能地坑害你——也许是明里暗里地侮辱你，用刻薄的"恭维"和阴阳怪气的玩笑针对你，散布关于你的谣言，还可能将你排除在与工作有关的谈话或活动之外，贬低你的职业道德、人格和抱负。他们甚至可能会在明知道某个项目会大获成功的前提下，刻意妨碍你在该项目上的工作。

一旦他们了解到了你看重的是什么，以及你是如何获得成功的，他们就会想出阴险的方法来抄袭你并破坏你。他们这样做是为了继续往上爬，以便能够超过你，并宣泄他们对你的怨恨，尤其是如果你碰巧比他们更成功，有更优秀的教育背景或工作经历，或者在工作之外有令人瞩目的才能。他们可能会在一开始满怀幻想地钦佩你，抱你大腿并利用你的资源抬高自己，但却在后来试图将你踩在脚下。

提示

如果可以，请记录下任何骚扰或霸凌事件，以备不时之需。即使选择不向人力资源部门报告其霸凌行为，保留你和对方的聊天记录及其他任何破坏行为的证据也是很重要的，将来你可能会有用到这些东西。

尽量不要向同事透露过多个人信息，特别是如果你们是第一次见面。最近取得的成就、家庭生活甚至有意思的周末活动都很容易引起病态个体的嫉妒。如果被问及个人生活，请简要而概括地回答，并将话题转移到工作事宜上。你可以使用的另一个技巧是询问自恋者或反社会主义者有关他们的问题——他们肯定会乐于回答并沉迷其中，因为那是他们最喜欢做的事情。

请记住：在最初的几次互动中，任何人都可以表现得和蔼可亲，但你永远不知道谁在利用友善的外表来试图套出你更多的优势和弱点。如果你已经向这些"有毒"同事透露信息，请及时止损。

尽可能避免与病态同事接触。将与他们的接触控制在最低限度，仅做业务相关事项的交流。这将让你对自己给出的信息做到心中有数，以免把不该告诉对方的信息透露了出去，被对方用来造谣并抹黑你。

回答对方的问题时学会含糊其词，别把你真正关心的东西说出去。你会惊讶地发现，职场霸凌者非常迅速地就利用你透露的所有关于你的好恶、愿望和目标的虚假信息开始攻击你了——从这一点你就能够确定自己是在和一个"隐性掠食动物"打交道。

2. 他们给上级和其他同事提供关于你的虚假或误导性信息，比如抹黑你的职业道德，或贬损你在自己主导的项目中的工作能力

就像恋情中的自恋者一样，职场中的自恋者也喜欢制造"三角关系"，把自己扮成是没有恶意的、关心同事的一方，无意中将关于你的错误或误导性信息传递给自己的上级或同事。

这是他们策划的一种抹黑行动，目的是阻止你获得成功。他们也可能过度关注你犯的任何错误，忽略你为改进所做的一切努力，以此来彰显他们比你更加勤奋努力，或者比你更有能力，更加专业。

事实是，自恋者才是工作能力欠佳的一方。他们非常不专业，报复心重，觉得自己能够打败你的唯一方式就是向所有愿意听他们胡说的人贬低你。他们会这样做是因为他们感觉你的存在威胁到了他们的地位，同时也是为了让大家对你的技能和能力产生怀疑。

提示

专注于在所有项目中，展示最好的自己。将你那些"有毒"的同事对你的歪曲或评价作为动力，在工作中展示出你全部的惊人才华和技能。保持冷静并经常冥想。在这种情况下，尽可能以专业态度行事，尽可能保持中性的语气和面部表情。你的上司（如果他们不自恋，也没跟你那"有毒"的同事勾结）会注意到，这位"有毒"的同事对你的评价与你的真实表现和行为举止之间存在差异。你的行动和品格会为你证明一切。

然而，如果自恋者一次又一次地把你当成攻击对象，而你完全得不到上司甚至人力资源部门的维护或支持的话，那么也许就是时候离开了。

正如人力资源顾问、职场霸凌问题专家道恩·玛丽·威斯特莫兰（Dawn Marie Westmoreland）所写的那样，"有时候，即使强者也会因为职场霸凌和歧视而被'打倒'"。

重新调整努力的方向，把你的精力放在寻找另一份更好的工作上，去谋取一份能为你带来更多支持和认同感的工作。如果你觉得现在还无法立刻辞职，那就耐心等待，在任何法定休息时间或假日期间找到创造性方法来重整并补充自己的能量，同时留意更好的工作机会。

最重要的是，请记住最好的报复就是成功。虽然这在现在看起来可能很艰巨，但如果继续坐以待毙，"有毒"的职场氛围最终会让你全面崩溃，使你失去工作动力。"随着时间的推移，受害者将把更多的时间用于保护自己免受恶霸骚扰，从而使正常履职的时间受到挤压"。如果可以，最好及时止损，并敢于"冒险"去寻找其他机会。

许多这样做的受害者最终获得了更多的快乐和成功，因为在这个过程中，他们对自己的能力更有信心了。请记住，具有自恋人格特质的人，一旦暴露了自己的真实面目，一切就都玩儿完了。与他们不同，你的成功都来自你的真才实学，你天生就具备真正的领导力。我亲眼见证了许多职场霸凌的受害者成功扭转了局面，后来变得比霸凌者还要成功。提醒自己：总有一天你会比所有试图毁掉你的同事都成功，并拥有一份更有获得感的职业。这是可能且一定会发生的事。

3. 他们会窃取你的想法并将其据为己有

自恋者十分坚定地相信自己理应成为大家关注的焦点，并获取他们没有为之付出努力的成功。这包括从那些他们认为可以替他们完成工作的人那里窃取创意。他们可能会当着你的面诋毁你的创意，却在之后的商务会议上抢先提出这个创意，并对此侃侃而谈。这是一种在剥削你劳力的同时也贬低你个人形象的方式。

提示

记录、记录、记录！重要的事情说3遍。如果你想到一个很棒的创意，不要只是在茶歇间隙随口说给旁人听，而是尽量想办法用电子邮件的形式留下可以作为证据的电子记录。这样一来，你就随时能有一个参照点，知道某个创意最初是由谁在什么时候提出来的。

先把你的想法告诉你的上司，而不是你的同事，因为他们可能会和你抢创意（当然，如果你的上司也是个擅于把你的创意归功于自己的职场霸凌者，那就另当别论了）。如果有同事试图询问你关于某个项目的想法，你可以简短地回答，或者假装你还没有仔细思考过。不要让别人把你的创意说成好像是他们自己提出来的一样。在所有涉及这个创意的讨论会上都尽量第一个发言，以明确这个创意的提出人是你。

应对职场自恋者

与自恋的或反社会的同事一起工作是非常折磨人的，这会耗尽你所有的心理资源，并让你的工作效率降低。一定要好好掂量下，这份让你遭受霸凌的工作是否值得你付出这么多的身心健康代价。

自恋型同事经常和他们的老板串通一气（老板可能是，也可能不是自恋者），并且由于病态的嫉妒，他们会破坏任何对自己特别有威胁的人的职业发展。

显性浮夸型职场自恋者（overt grandiose workplace narcissists）往往会不加掩饰地对你表现出不屑的态度，并做出咄咄逼人、傲慢、恃强凌弱的行为。他们不太可能会拥有自己的后援会，更有可能的情况是，其他同事会对他们感到畏惧。他们往往令人生畏，而不是给大家留下一种迷人的深刻印象。

隐性脆弱型职场自恋者（covert vulnerable narcissists）则更有可能拥有自己的后援会及更具魅惑性的外表。他们可能会在当面称赞你的同时，窃取你的创意，破坏你的成功，散布关于你的谣言，将你卷入他们和上级之间，以制造职场三角关系，栽赃你为罪魁祸首。

一些自恋型同事或老板甚至可能会利用他们的职权对你进行性骚扰或恐吓你。充满敌意的工作氛围不仅会损害个体的自尊心、积极性和生产力，还会拉低公司士气。

在任何可能出现应激源和坑害行为的"有毒"的工作往

来中，我建议你采取以下步骤。

1. 正念呼吸

冥想和瑜伽十分有效。我也不想一再反复强调这一点，但如果你每天练习冥想，你将能够连通到自己的慧心，进而可以从容应对任何事情，并能带有正念地去处理触发自己情绪的事件。如果觉得有用就多练练，尤其是你正处于一个"有毒"的职场氛围中，而且在找好下家之前为了糊口还得暂时忍耐时。通过正念呼吸让自己冷静一下，并在心态有所动摇的当下尽可能保持公事公办的态度。如果你需要设定个人界限，那就礼貌而坚定地这样去做。

2. 尽可能保持专业性

正如前面提到的，不要把你的好创意说给那些可能会剽窃你的同事听。如果条件允许，在不失商务礼仪的前提下，尽量通过电子邮件交流重要的业务信息，并把通信保存、记录下来——这是非常重要的，因为一旦出现了对你不利的流言，这能使你找到确凿的证据来驳斥它。如果你不得不与同事交流你的创意，而该同事有可能会窃取你的创意，这种方式也会很有用，因为这样一来，你就有了可以对该创意进行溯源的证据。如果你总是被迫要面对面地跟对方交流想法，请在事后发送一封包含类似说明的电子邮件，"感谢你与我讨论……，并对我的这个创意给予了肯定"，从而留下你们的交流记录。只要你明确表示了这是你的想法，日后就不怕对方耍花招。

自恋者妄图突破你的心理防线，好让你乱中出错，给别人留下不专业的印象——他们甚至可能通过发电子邮件来刺激你或当面挑衅你。记住，你所说或所做的任何事，即使是试图把自己的遭遇告知老板这一举动，都可能被对方用来攻击你。如果自恋者很受欢迎，并且在工作中骗过了你的上级，那么你试图揭穿他们的任何举动都很冒险，因为自恋者会反过来利用这一点，变本加厉地霸凌你。如果你对自己正在经历的霸凌表现得过于情绪化，就会被对方污蔑为一个情绪不稳定的人。这跟自恋者在情场中和他们的受害者之间的关系如出一辙。

3. 将你的愤怒、挫败感转化为动力

避免在背后说那个同事或老板的闲话，因为公司里有些人可能是他们的耳目。要使用自我关照技巧、工具和治疗方法来平衡你的能量，以及控制情绪。如果你还没有寻求过专业帮助，请一定试试向外求助，因为在你发泄对工作的积怨时，有一个可靠的心理健康专业人员或生活教练陪在你身边，能够为你赋能。心理健康专业人员或生活教练也可以陪你一起通过头脑风暴为当前的棘手情况想出适应性的解决方案。

4. 对个人体验进行重构

这段经历对你目前的处境有什么启示？是时候换一份公司氛围更健康的工作了吗？寻找其他机会？还是可以将你在这种处境中爆发出来的情感转化为动力，让自己更加积极进取？如果那家公司的体系结构过于离谱，以至于你在那些马屁精自恋者的打压下似乎永无出头之日，那么现在可能就是时候用这些遭遇来推动自己去寻找其他机会了。另一方面，如果你认为这段经历本身就是一个机会，可以让你实现自我超越，那就好好利用起来，借此促进自我成长，提升个人表现或取得更大进步。在此过程中，冥想和瑜伽也可以帮助你保持心态平和，并减少你对这些事情的思维反刍。

网络欺凌者以及在线掠食者

网络空间让自恋者和具有反社会特质的人轻易就能向受害者下手，而且几乎不用为此付出什么代价。特别是在新型在线约会应用兴起后，受害者离被盯上成为目标实际上只隔着一个"滑动"的手指动作。

除了在线约会领域外，自恋者、反社会者和心理变态者也会在致力于帮助幸存者的在线论坛上四处游荡。甚至还有一些自恋的"人生导师"装成受害者，以此来从那些已经伤痕累累的受害者身上获取一种掌控感和权力感。

网络欺凌和暴行是那些缺乏足够的自恋供给或感到百无聊赖的自恋者迅速获得"快感"，而不必为自己的虐待行为担责的战略性手段。最近的一项研究表明，网络暴徒表现出了高度的施虐狂和心理变态属性，以及马基雅维利主义。就亲密关系而言，自恋虐待的幸存者可能在分手后常年遭受对方的跟踪骚扰和网络欺凌，如果他们先抛弃了自恋者，情况会更加糟糕。

自恋损伤可能会导致自恋暴怒。这种暴怒是因为某人或某事威胁到了自恋者自命不凡的幻想和"虚假自我"，造成了伤害。由于幸存者通常会与施虐者断联，自恋型施虐者会感到自己失去了主导权，并会试图通过挑衅、"回吸"和分手后的三角化策略等手段来重新夺回权力。

自恋者和具有反社会特质的人在网络空间中会使用类似的操纵手段来挑衅和伤害完全陌生的人。这种行径对于任何遭遇过网络暴徒或欺凌者的人来说，可能已经见怪不怪了——他们最臭名昭著的就是试图通过挑衅他人来获得病态的满足感。

任何形式的欺凌都可能导致毁灭性的后果，匿名欺凌尤甚。研究表明，校园中的网络欺凌会导致受害者产生更高水平的自杀意念和自杀企图。有许多自杀事件都是由匿名虐待狂的恶言恶语触发的，比如许多青少年的自杀就是网络欺凌直接造成的。网络欺凌和暴行能给人造成的心理影响相当巨大，以至于有人甚至发起了反对在线平台匿名评论的运动。

由于网络欺凌者很少会受到惩罚，而且各地的法律可能无法完全保护受害者免受情感虐待，因此这种行为往往得不到遏制，做出这些行为的人也难以受到惩罚。即使网络欺凌者受到惩罚，通常也是在悲剧性自杀事件发生之后，或者在事件引起了公众关注的情况下。例如，在之前罗宾·威廉姆斯去世的事件中，人们因暴徒在社交媒体平台上骚扰威廉姆斯的女儿而群情激奋，因为这些人在她极度哀戚的时候，让她伤上加伤、痛苦非常。然而，通常情况下，这些欺凌者的残忍除了遭受骚扰的当事人之外，不会有其他人注意到。

区分虐待性网络欺凌者和建设性批评提供者的 3 种方法

1. 人身攻击而不是逻辑论证

与进行健康的辩论和尊重彼此的分歧不同，网络欺凌者和网络暴徒与那些持有不同意见的正常人的区别之处在于，他们不会就事论事地提供证据来反驳自认为有问题的论点，而会针对你的个性品行展开人身攻击。他们不会说"研究证明你是错的，这里是论据来源"，而是常常满嘴污言秽语，言辞之间满是侮辱、谩骂、循环逻辑和刻意为了激怒你的挑衅式过度概括。他们甚至可能会翻出你的个人信息，或对你做出与当前问题完全无关的假设。他们就像许多亲密关系中的自恋者一样，永远是个人界限的破坏者。

2. 紧咬不放

一些网络欺凌者如果得不到他们想要的回应，最终会放弃，但另一些人会继续挑衅以追寻更多的反应，甚至可能会用多个账户对你进行围追堵截。就像亲密关系中的自恋者一样，他们利用网络的匿名性来实施三角化策略——注册多个"假"账户来营造出一种自己广受支持的假象。

3. 追踪骚扰

当你真的用一种有违网络欺凌者预期的方式去回应时，他们会遭受某种自恋损伤，并会诉诸卑劣的攻击行为。有些网络欺凌者在你快速给予他们一次自我满足后（比如对他们的侮辱表示"你说得对"）就会心满意足地离开；而另一些人则更加恶劣，如果你对他们的骚扰行为置之不理或者选择举报他们，他们就会对你展开紧追不舍的报复。

我曾经遇到过网络欺凌者，他们因为我没有回应而受到了自恋损伤，于是一路追踪到了我的个人社交媒体账户上，试图在一些重要问题上捂住我的嘴。他们没有坚持不懈地试图让我尊重他们的观点，而是直接侮辱我，对我做出与当前话题无关的假设。

处理网络欺凌者和网络暴徒的3种办法

1. 除非必要，别与网络暴徒纠缠或回应他们的言论

在论坛或网站上遭遇骚扰后，有的平台政策可能会允许你举报对方的骚扰行为或直接屏蔽对方。这对于处理那些针对你个人进行攻击，并对你的心理健康造成影响的网络欺凌者尤其有用。这有点像实行"断联"策略——只是，你不是与亲密关系中的某人断绝联系，而是与一个想要伤害你的陌生人断绝联系。找到一种能用最小的代价将他们从你的生活中移除的方法，他们不值得你花费时间和精力去反驳。记住，自恋者总是需要观众和供给源。将自己从自恋者的供给名单中移除，拒绝给予他们想要的关注，你的胜利就是默认的了。然而，如果他们继续不断地骚扰你、追踪你，或者威胁你，你可以视情况采取法律行动。

2. 巧妙地保护自己的隐私

不同的论坛和网站有不同的策略，所以要根据你所使用的平台来制定相应的策略。大多数社交媒体平台允许你屏蔽或举报骚扰你的人，因此要把这些功能充分利用起来。接着，探索你所使用的平台的隐私设置。如果你愿意并且有此选项的话，请勾选那个能让你以最小限度向外透露个人信息的选项。这将防止网络欺凌者和网络暴徒找到你的个人信息。如

果你觉得可行，考虑减少自己的社交媒体账户数量，只使用那些对你的职业和社交生活绝对必要的账户。

如果你是一名正在遭受网络欺凌或暴行的博主，有的网站能更进一步允许你查看评论者的 IP 地址。你能够借此提防网络欺凌者使用多个"假"账户在你的账户上捣乱，你可以完全禁止某一个特定的 IP 地址访问你的账户，然后彻底解决这个问题。如果网络欺凌者曾经对你进行过身体伤害的威胁，你可以使用这个 IP 地址来找出这个网络暴徒或欺凌者的所在地，这样你就可以提供更准确的信息来举报他们。只需将 IP 地址复制、粘贴到一个能提供 IP 地理位置查询的网站即可。这将提供有关该 ID 地址的信息，以便在网络欺凌者或网络暴徒威胁你，或你怀疑该网络欺凌者可能是你认识的人（比如你那有毒的前任）时使用这些信息。

3. 把你的精力重新集中在有效的输出上

网络暴徒和网络欺凌者对你的自我价值或能力从来不具有最终的发言权。为什么？因为从实际意义上来说，他们是在花时间试图摧毁别人。难道你不认为，如果他们自己的生活足够充实的话，他们会有比这更好的事情去做吗？幸运的是，比起对那些网络空间中的自恋者和心理变态耿耿于怀，你有更好的事情去做。你可以经营自己的博客，管理自己的网站，更新自己的动态，更新自己的主页，分享自己的故事。

继续发声，让自己被更多人听到，只与有礼貌的人交流，把辩论留给那些能以非病态性的方式与你持不同意见的人。让网络欺凌者激励你成为推动社会前进的一朵浪花，并继续为弱势群体发声。

无论何时，如果你感到快要扛不住这些欺凌者的倾轧，就关掉电脑，拔掉电源，并找人聊一聊自己的遭遇。为自己站出来，不要放任不管，你值得被倾听和肯定。对于那些可能正在经历类似困境的人也能帮则帮，你对这个重要问题的认识传播得越多，改变发生的可能性就越大。

如果网络欺凌者是你认识的人，比如朋友或前任，请立即与对方断绝一切联系，如果他们的行为违反了当地的法律法规，记录下所有文字消息或包含罪证的通话，并举报他们。在这种情况下，他们的匿名骚扰行为就不再受到保护了，换句话说，他们将为此担责并付出代价。

记住：欺凌者可能是青少年，也可能是成年人，尽管他们的心理年龄都只有五岁，但无论是哪个年龄段的欺凌者都可能对我们造成危险。让我们一起抵制各种形式的欺凌和骚扰——从私信到论坛，从社交媒体到博客。我们不应受到侵犯或侮辱——即使是在网上。

第七章

疗愈情感创伤并重建你的生活

传统上，我们用时间来提醒自己到点赴约、安排工作计划以及追踪我们的进度；我们用时间来提醒自己跟医生的预约，准点出发去办公室，跟进我们的工作或学习进展。我们可以将时间用于自我反思和日常事务：时间鞭策我们在重要的截止日前完成任务，它也能让我们知道自己已经在一段特定的关系中度过了多少年，帮助我们与亲近之人一起庆祝周年纪念日。此外，时间还能被用作衡量我们的付出及投入精力的指标。如果觉得自己没能以有效方式利用时间，我们就会感到自己的付出与得到的回报不成比例，这会让我们被悔恨淹没，并被一种习得性无助感压得喘不过气，难以采取行动来改变生活的现状。

时间对于虐待和情感创伤的受害者来说，有着特殊而重要的意义。我听过很多这样的故事，它们的结尾句几乎都是"我简直不敢相信自己浪费了这么多时间在这个人身上"或

"我这些年的青春都白白浪费了"。承认自己把宝贵的时间和精力全花在了让自己深受伤害的事情上并不容易，通常我们会因为意识到这一点而后悔万分。

有时候，只有在得知了对方骇人听闻的诊断结果后或关系结束时，我们才不得不开始反思自己浪费了多少时间，但是我们也可以从此时此刻就开始留心自己的时间。虽然我们无法回到过去，挽回自己虚度的光阴，但重要的是我们从此时此刻开始，对当下正在流动的时间保持正念觉察。

为了更有效地利用时间，我们可以做以下事情。

多花点时间疗愈，而不是反刍

人在结束一段虐待关系或经历重大创伤后的最初反应通常是过度反刍。创伤受害者可能会出现与创伤后应激障碍或急性应激障碍相关的症状，如麻木、解离症状、反复做噩梦、闪回、过度警觉和产生侵入性思维等。虽然在疗愈过程中，我们尤其有必要给足自己耐心，不可急于求成，但为了取得进展，在生活中做出积极改变也是十分重要的。

我们得先正视自己的痛苦和负性情绪，并对已经发生的事情进行评估，才能够顺利步入下一个阶段——在这个阶段中我们必须预留出足够的时间去完成疗愈所必要的一切事情，来彻底恢复自己的心理健康。这意味着积极主动地寻求专业帮助，设定界限（比如与虐待你的前任少联系或不联系），建立一个强大的支持网络，并通过自我关照来滋养自己的身体、精神和心灵。

挑战

为过度反刍设定"时间限制"。例如，如果你发现自己每天要耗费 3 个小时来对某个特定情境进行反刍，请将这个时间减少在 1 个小时以内，然后用多出来的时间做其他事情，如运动、做项目、看喜欢的电视节目、约朋友去做有趣的事，或者写首诗。

在这段时间内，你仍然可能会被一些突然出现的想法分散注意力，但至少你把更多的时间花在了对自己有益的事情上，而不是花在再度回顾已经反复回想过很多次的情景上。每当这些侵入性的想法出现时，尽量不要去助长它们，而是退后一步，观察并彻底接纳它们。做一些令自己愉快的事情，或完成一件待办清单上的事情；允许自己感受所有情绪，但不要与之纠缠，防止它们阻碍你享受生活。

我们不可避免地会想起创伤，并对此产生强烈的情绪反应，这完全没有什么不对劲儿的地方——这是对创伤的正常反应。我提出这个建议是为了让你意识到我们每个人在地球上的时间都是有限而宝贵的，所以应该尽早解决过度反刍以平衡我们的时间分配，而非否定可能出现的、关于创伤的合理感受和想法。

如果你想放下过去继续前进，就不能把过多的时间耗费在对自己处境的过度分析上，而应该积极行动起来，否则便很难让你的生活重归正轨。你的确必须花些时间来评估自己的创伤，但也请不要忘记给自己足够的时间来疗愈它。休息放松、追求目标和享受生活。这又回到了那个老话题上——在维系受害者的身份认同与保持我们的自主权之间取得微妙的平衡。

花时间去追寻独属于你的使命

在《成功的七大精神法则》（*The Seven Spiritual Laws of Success*）中，迪帕克·乔普拉（Deepak Chopra）谈到了"使命法则"（law of dharma），即我们都有注定要实现的独特使命。乔普拉认为，当我们服务于人类，融入身边更大的世界中去时，我们的"使命"，我们"人生意义"就能得到最大限度地体现。我们必须扪心自问：我为践行自己的使命所花的时间有多少？我每天为服务人类做了哪些事？我对自己目前的表现还满意吗？是否存在一些志愿工作或其他工作可以让我更好地施展自己的才能呢？就目前所做的努力而言，我是否浪费了某项才能而没能好好将其用于造福社会？

挑战

写下两三个你觉得已经很长时间没有施展过或从来没有

公开施展过的才能或技能，然后在每个才能或技能旁边写下至少 5 件能让它有用武之地的事情，如果可能，额外留意一下如何用这种才能或技能来服务他人。在帮助他人方面，这些才能或技能派上的用场可以很大，也可以很小。

例如，如果我的隐藏天赋之一是摄影，我可以成为一名志愿婚礼摄影师，为朋友的婚礼捕捉有意义的时刻，或者发起一个项目，为我关心的社会事业拍照；如果我的隐藏天赋是养生和健身，我可以在当地社区中心开设公益健身课程，或者建立一个社交账号来帮助人们改变他们的饮食习惯和生活方式；如果我有很强的幽默感，我可能会经常用它来为大家的生活添姿增彩，或者加入即兴喜剧社团并参与演出，为数以百计需要逃离日常琐碎的人们带去欢笑；如果我对心理健康特别感兴趣，并喜欢写作，那么我可以开设一个心理自助博客或撰写一本有关心理自助的书。

你懂的，有很多方式可以让我们创造性地使用自己的才能来服务人类。在这个过程中，你甚至可能会发现自己一早就应该去做的事情。这是更好地利用我们的时间的方法，这些事使我们能够改变世界，而不是揪着我们无法改变的过去不放。

享受当下，并对当下时刻保持正念觉察

感激你现在所拥有的一切。从最基本的有吃有住、目能

视物、腿能走路，到拥有知己朋友、稳定工作、医疗保障和教育机会。养成终生感恩的习惯可以让我们保持正念，不仅能让我们更加懂得珍惜生活，还能对我们的健康产生积极影响。请记住：耗费在悔恨上的时间越多，我们能用来品味当下、享受现有生活的时间就越少。没有什么是永恒不变的，所以多关注你现在所拥有的。

挑战

试着将你对过去的纠结和曲解替换为对当下的积极陈述。每当出现"我就不该那么做"或者"我后悔没能阻止这件事的发生"这样的评判性陈述时，请替换为"我很感恩自己能够幸存下来并从这次经历中学到了东西"。

如果遭受的创伤太过严重，以至于你觉得做出上面那种积极陈述超出了自己的能力范围，也可以只是试着提醒自己仍然拥有一些东西，例如"我还拥有健康，这是最重要的"，或者"现在我有追求梦想的自由而不会受到干扰"等。并非所有替代性思考都能平息对过去的反刍，但是从长远来看，努力以更积极的态度来看待自己的人生经历，有助于你在挫折面前变得更有弹性。

写感恩日记也很有帮助，它可以让你对生活中所有需要感恩的事保持觉察。你在感恩上花的时间越多，花在怨恨上的时间就越少，也就越有可能在生活中掌握更多的主动权，你将更可能把挑战视为成长的机会，而不是难以逾越的障碍，并更可能将人生的种种遭遇转化为改变你一生的觉悟。

终止"有毒"的互动和关系

这都是些非互惠的、无法满足你需求的互动和关系，只会让你一次又一次地陷入情绪枯竭、筋疲力尽的境地。它们包括：已经不合时宜的关系，让你对自己感觉很糟糕的友谊，与虐待或不尊重你的人的其他互动等。这将帮助我们将时间重新集中在更健康、更有价值的关系上。从长远来看，这些关系才是能让我们更加幸福的关系。

尽量避免讨好他人，并与那些不接受你真实自我的人和不懂得珍惜你的付出的人断绝联系。为了充分利用好我们的时间并明智地使用它，这是很有必要的。如果你出于某种原因无法与之断联（例如，对方是你的家人，每周的家庭聚会上你都不得不与之互动），重要的是你至少要最大限度地减少与这个人互动的时间和投入的精力，并避免对你们的互动进行反刍。

挑战

想想看，最近你在生活中为谁耗费了不必要的时间和精力？你可以做些什么来减少或终止这种互动？有没有什么办法可以设定一个界限，让对方不再那么频繁地联系你？你是否需要为自己挺身而出，向对方明确表示不想再看到他？不管你要做的是什么，现在就去做。长痛不如短痛，与其一直忍受这段对你有害无益的关系，不如现在就斩断它或疏离它，省得继续遭罪和受累。这些不能满足我们需求的交往只会妨碍我们去践行自己既定的使命。

作为创伤受害者，我们的最佳选择是继续前进并专注于自我关照和自我关爱，只有这样，我们才有机会完成自己的使命。在我们学习如何更好地使用自己的时间的同时，也不能忘记——疗愈是贯穿我们一生的旅程。在这段旅程中，我们可能会遇到不止一次的创伤，但恢复可以成为一种自我觉醒的过程，它能让我们对自己已经失去的时间和尚能拥有的时间保持正念的觉察。

我们每个人都可以为改善世界做一些事情，与此同时也让自己在这个过程中得到提升。无论你习惯如何称呼它——"命运""道""使命"或"宿命"——从今天开始，想想自己这一生注定要完成的任务是什么。

第八章

改变虐待受害者人生的十大真相

要疗愈情感或身体虐待，我们需要彻底革新自己对人际关系、自我关爱、自尊和自我慈悲的思考方式。如果我们能够把握好自主权，虐待关系往往会成为效果惊人的自我成长的催化剂，并可能激励我们迈向独立自强之路。

以下是虐待受害者在疗愈过程中应该知道并拥抱的十大能改变人生的真相（尽管做起来可能并不容易）。

1. 这不是你的错

在社会中，以及虐待受害者自身的心理图景中，受害者有罪论都很常见。受害者有罪论和"轻轻松松"就能离开一段虐待关系的迷思在公共话语中引起了质疑。对方存在心理病态且他对你的所作所为不是你能控制的这一说法，接受起来可能并不容易，尤其当施虐者、公众，甚至是那些根本不了解情况的亲友都持与你相反的观点的时候。

虐待受害者对那些指责他们不是完美受害者的说法已经习惯了，而且从所遭受到的虐待中，他们往往会得出确实是自己不够好的结论。但真相是，施虐者才是那个不够好的人，只有功能失调的人才会故意伤害别人。与施虐者不同，受害者不需要通过虐待别人来获得优越感或完整感，已经以自己"不完美"的方式成为完整而完美的存在了。

2. 你的爱无法感化施虐者

"无论我当初怎么做都改变不了施虐者。"请对自己重复这句话。无论怎么做都改变不了。施虐者对世界的看法是扭曲的，他们与人的互动从根源上就是有问题的。病态自恋者和反社会者都是些心理失调的个体，他们有自己特定的操纵手段和行为特征，正因如此，他们从来就不是什么良配。

他们心理失调的部分原因在于，他们觉得自己高人一等，有极强的特权感；他们通常不愿意获取帮助，并通过剥削他人来服务自己；同理心的缺乏使得他们能够毫无心理负担地做出这些损人利己的事。如果你因为恐惧或希望能让施虐者有所改变，而给予对方更多的爱并向对方屈服，只会更加助长对方的气焰。你做出了正确的选择（或者你将会做这样的选择），你离开了，不再纵容对方以如此残忍的方式虐待你。

3. 拥有健康的人际关系是你与生俱来的权利，而且也是可以实现的

你有权拥有一段健康、安全和相互尊重的关系，你有权摆脱身体伤害和心理虐待，你也有权表达自己的情感而不受嘲笑、冷待或暴力威胁。没有必要总是如履薄冰，寻求值得你付出时间和精力的人同样是你的权利，永远不要将就着和那些不够尊重、不懂体贴你的人在一起。每个人都有这样做的权利，你也不例外。如果你是一个有能力尊重他人并有同理心的人，那么你就和其他人一样，值得拥有一段让你快乐的关系。

4. 未来可期，你依然有希望过上理想中的生活

疗愈和恢复是一个充满挑战的过程，但并非不可能完成的任务。你可能会因为自己的被虐经历而长期遭受侵入性思维、闪回和其他症状的折磨；你甚至可能会陷入其他不健康的关系中，或者又一次栽进同一个人的手里，这并不稀奇，因为我们的大部分行为都是由潜意识驱动的。但是，这并不意味着你从此就"低人一等"了。尽管仍然可能留下伤疤，但你受到的伤害并非就此不可救药了。

你是一个疗愈者、一个战士、一个受害者，你确实拥有选择权和自主权。你可以彻底断绝与前任的所有联系，寻求

"受害者"心理辅导项目和互助小组的帮助，在社交平台上建立更强大的支持网络，阅读辱虐行为相关的参考文献，践行更全面的自我关照，你也会在未来拥有更美满的感情关系。如果你怀疑自己曾经受到过情感虐待，可以去了解一下情感型虐待者的操纵手段，并掌握这类病态个体的各项特质与属性，以便日后能够更有效地保护自己。希望就在转角处，你可以利用这次经历来获取新的知识、资源和支持网络，你可以将自己的危机化为转机。

5. 你不必向任何人说明为什么一开始没有当即跟对方分手

施虐者的恐吓、孤立和操纵行为给我们留下的负面影响是真实存在且难以磨灭的。研究已经证实，创伤可以改变大脑。如果我们在童年时期经历过或目睹过虐待或霸凌，就可能会受到潜意识的驱动而让童年早期的伤害一再重演。

无论我们小时候是否目睹过家庭暴力，虐待关系的创伤都可能表现为创伤后应激障碍或急性应激障碍（acute stress disorder）。受害者还有可能为求生存而不得不依附于自己的施虐者，以致最后患上斯德哥尔摩综合征。斯德哥尔摩综合征是由帕特里克·J.卡恩斯（Patrick J. Carnes）博士所说的"创伤性联结"导致的——顾名思义，个体在创伤性情感经历中与他人形成的联结即为创伤性联结。这种联结可能会让我们身不由己地向虐待的元凶寻求支持。催产素、多巴胺、皮质醇和肾上腺素会在虐待循环产生剧烈波动时激增，而随着这些激素水平的起起伏伏，我们与施虐者之间还会形成生物化学层面的联结。

我们对施虐者产生的这种联结会让我们像上瘾一般对忽冷忽热、讨好道歉、挖苦伤害的恶性循环欲罢不能。在虐待关系中，我们可能会有非常强烈的习得性无助感——当我们身陷险境而无法逃脱时，就会产生这种难以承受的绝望感。同样，在虐待关系中，我们也会出现认知失调，即我们可能会因为施虐者的表里不一而产生关于这个人的相互冲突的想法和信念。出于对自己被虐待的经历的羞耻感，我们可能会完全屏蔽自己的支持网络，或者被施虐者强行切断与他人的来往。

这些因素以及其他更多因素都可能会对我们造成干扰，使我们迟迟无法割舍这段感情。你可能一直依赖施虐者的经济支持，或者害怕对方在身体或心理层面报复你，对你展开抹黑行动。因此，你永远不必向任何人解释为什么当时没有立即离开或因为没能及时抽身而责备自己，也不要因为别人的否定而质疑自己在虐待发生之时和之后所经历的恐惧、无力感、困惑、羞耻、麻木、认知失调，以及无助感等体验的真实性。

6. 原谅施虐者是一个可选项，而不是必选项

有些人可能会告诉你，你必须原谅施虐者才能放下过去，继续前进。真相是，这只是一个可选项，而非必选项。你可能觉得原谅施虐者的确是继续前进的必要条件，但这并不意味着你一定得这样做。除了心理操纵之外，受害者可能还经历了身体和性虐待，以至于怎么都无法释怀，那也没关系。

我们没有义务迎合施虐者的需求或愿望，我们也没有责任必须与那些故意或恶意伤害我们的人达成和解或原谅他们。照顾好自己，走向疗愈之路才是我们的职责。

7. 原谅自己对于破旧立新至关重要

自我原谅是另一回事。你必须对自己保持足够的同情心，并原谅自己没有早点儿离开对方，没有更好地照顾自己，以及没有为你的安全考虑和没能为自己做出最好的打算。受害者往往在结束虐待关系后，会为这些事情感到自责，可能需要很长一段时间才能与自己达成和解。别忘了：你当时并不知道施虐者根本就是无药可救的。即使你知道这一点，当时的你也因为受限于诸多心理因素而难以脱身。

8. 真正有病的那个人不是你

在虐待关系中，你因为受到煤气灯操控而对自己感知到的现实产生了怀疑，施虐者不断对你"洗脑"，说你有病、你对事件的看法是失真的，并否定你的感受，对你进行虐待之后，反而指责你反应过激、过度敏感。你甚至还可能经历了一场恶毒的抹黑行动——施虐者极具魅惑性地向其他人散布关于你已经心智失常的谣言。

而所谓的"心智失常"实际上只是你在受够了被对方踢来踢去、咒骂贬低后的正常反击。"心智失常"表明你终于找回勇气，开始自我捍卫了。施虐者发现你意识到了自己在被虐待，就想通过冷暴力、疾言厉色和造谣贬低将你困在原地。

是时候回归现实了：不稳定的那个人不是你，而是那个经常贬低你、控制你的一举一动，动辄对你大发雷霆，并把你当作情绪（甚至身体）宣泄沙包的人。

那你呢？你是希望能够拥有一段良缘的人；是为了取悦施虐者，甚至不惜牺牲自己身心健康的那个人；是界限被打破，价值观被嘲笑，优点被说成是缺陷的人。你曾试图教会一个成年人该如何尊重他人——结果往往是徒劳无功，你是那个远不值得为这种人付出、理应更被珍惜的人。

9. 你属实值得更好的

不管施虐者对你说了什么，你们之间的这种虐待关系与真正健康的关系相去甚远。在真正健康的关系中，双方应该从来都是互尊互重、相互珍视和欣赏的。这是彼此信任的关系，而不是刻意为之的、"有毒"的三角关系。双方会真诚地为自己的错误道歉，而不是为了引起注意而挑衅式地假意赔罪，或为了快速达成和解而随口敷衍。

或者换个思路：除了创伤经历之外，你和拥有更健康关系的人之间并没有特别大的不同。他们在很多方面都跟你一样——有缺陷、不完美，但依然值得被爱与被尊重。这个星球上住着数十亿的人，所以，是的，我敢肯定，这些人里面有很多会比你的前任待你更好的人。总有人会看到你闪闪发亮的优点和才华，并爱上你那些稀奇古怪的"萌点"，这些人就算是在梦里也不会想要故意伤害你或让你受委屈。你将来一定能找到这样人，他们会成为你的朋友，或是爱人，又或许，你已经找到他们了。

10. 这段关系看起来像是浪费时间，但就你的观念因此发生了转变这点来说，它也可以成为一次不可多得的学习经历

从学习成果来看，你的自主意识变强了，并得以建立更牢靠的个人界限，同时也对自己的价值观有了更多的了解。作为一个受害者，你已经见识到了人性的阴暗面，以及人可以没底线到什么地步。为一个不值得的人耗费青春后，你已经认识到了时间的价值，并开始懂得该如何更明智地使用它。

凭借这种新获得的知识，你再也不会天真地对这类"情感掠食动物"抱有任何不切实际的幻想了。最重要的是，你可以通过分享自己的故事来帮助和激励其他受害者。我知道我做到了，你也可以。